SPETSNAZ：Osprey Elite Series

スペツナズ

ロシア特殊部隊の全貌

マーク・ガレオッティ 著
小泉 悠 監訳
茂木佐太郎 訳

並木書房

はじめに

神話化されたスペツナズ

　ロシア軍の特殊部隊であるスペツナズ（Spetsnaz）は、その高い戦闘能力と専門技術、勇猛果敢さから、その名を広く知られるようになった。

　しかしその一方で、この部隊の詳細が深く語られることはなく、欧米だけでなくロシア国内においてもその存在は神話化され、イギリスのSAS（特殊空挺部隊）やアメリカのデルタフォース（陸軍特殊部隊）と対をなす兵士の集団（一部はそうであるが、多くは違う）のように思われている。

　さらに極秘裏に行なわれる暗殺や英雄化された隊員にまつわる神話から、スペツナズは兵士であるとともに、スパイや破壊工作員であると信じられている。

　確かに限られた少数の兵士が、これら暗殺・スパイ・破壊工作の３つの任務を行なっているが、スペツナズの隊員は、その多くが紛争介入を目的とした訓練を受けた練度の高い兵士である。

　旧ソ連軍の時代からスペツナズは選び抜かれた兵士で構成されていた。このことは今日のロシア連邦軍においても変わりなく、スペツナズは即応性の高い部隊である。スペツナズはモスクワが軍事介入や作戦を展開する際には何十年にもわたり「槍の穂先」として、つねに先頭に立ってきた歴史がある。

このことは1920年代にボルシェヴィキ部隊として中央アジアで反乱鎮圧の任務につき、スペイン内戦では隠密裏に派遣され、第2次世界大戦ではゲリラ兵となり、1968年のチェコスロヴァキアへの軍事介入と1979年のアフガニスタン侵攻では尖兵を担ったことからも明らかだ。

　1991年にソ連が崩壊したのちはチェチェン、中央アジア、最近の例ではウクライナで戦闘を経験している（別種の争いとして、ロシア連邦軍参謀本部情報総局〔GRU〕の影響力を快く思わない他の部局との縄張り争いにも巻き込まれた）。

　強大な通常戦力による圧倒的な力の行使から迅速な奇襲、偽装戦術などへ重点を移しつつあるロシアの新しい軍事ドクトリンにおいて、スペツナズは中心的な位置を占めている。高い技術を誇るスペツナズはこれからも特別な存在であり続けるだろう。

スペツナズとは「特殊任務」

　スペツナズの概念は、ロシア陸軍の伝統的な長所と短所を裏返しにしたものである。ロシア陸軍は大部隊であり、任務を遂行する能力は高いものの、その動きは鈍重で、自主性と士気は決して高くない。このようなロシア軍の古くからの体質に飽き足らなかったのか、すでに17世紀にピョートル大帝が先見の明を持って"飛行軍団"の夢を見ていたと、ステファン・ザロガが著書『Inside the Blue Berets（ブルーベレーの内幕）』で述べている。

　ピョートル大帝が理想としたこの軍団はさまざまな障害を乗り越え、信憑性の高い情報を得る能力を有していた。飛行軍団は敵の動きを遮断し、前面に配置されている敵部隊を迂回して敵の後方部隊と占領地を攻撃し、敵の牽制などの任務を将軍が思いのま

まに命ずることができる部隊であった。スペツナズの登場で、ソ連とロシアはようやく夢の部隊を手にしたのである。

スペツナズの名称はスペツィアーリノイェ・ナズナチェーニエの短縮形に由来している。「特別用途」や「特殊任務」という意味で、兵士自身が特別な存在である西側諸国の特殊部隊とは性格を異にしている。スペツナズとは部隊に課せられた「特殊任務」を指すからだ。

スペツナズは創設以来、その隊員の多くは徴兵された兵士であり、西側諸国のエリート部隊の隊員選考基準からすると、個々の隊員の能力は西側諸国のライバルには及ばない。そうであったとしても、スペツナズはロシア軍の大多数の部隊の水準―さほど高いものではないが―と比べると、より任務に忠実で、高度の専門技術と練度を有し、規律も厳正である。

スペツナズ部隊に託された大きな期待は1990年代のチェチェン紛争で、陸軍の一般部隊が実戦に耐えうる態勢になっていなかったという理由から、スペツナズが歩兵部隊の代わりに戦闘に投入されたことからもうかがえる（残念なことにこの戦闘で多くのスペツナズ隊員の命が無駄に失われてしまった）。

チェチェンとは異なり、2014年のクリミアではスペツナズはほぼ無血で半島占領に寄与した。このことからも、スペツナズが順応性を持って行動していることがわかる。

スペツナズは本来、戦場での偵察、敵の指揮系統の混乱、補給線の遮断、北大西洋条約機構（NATO）の戦術核兵器の無力化などを主要な任務としてきた。ここからわかるのは、スペツナズは一般の軍偵察・諜報部隊と情報・保安機関の隙間を埋める存在だということだ。現在、スペツナズは再びその規模を拡大してお

2014年のクリミア占領では「緑の小人」と呼ばれたロシア海軍歩兵と海軍スペツナズが先鋒となった。戦闘服には徽章がないが、最新型のラートニク戦闘服と装具であることから、彼らがスペツナズの隊員であることは明らかだ。兵士たちはグレネードランチャーを装着したAK-74ライフルを肩から下げ、ペレバルネにあるウクライナ海軍基地に入ろうとしている。(写真:Anton Holoborodko)

り、クレムリンの政治・軍事の実行手段として、課せられた任務もまた増大している。

　大規模戦争の可能性が遠のいた今日、ロシアは反乱鎮圧兵力ならびに「近い外国」とされるソ連崩壊後のユーラシア地域における軍事介入に適した小規模兵力を必要としている。

　クレムリンはスペツナズを従来の対ゲリラ戦部隊から周辺国におけるロシアの国益を確保するための、紛争介入や危機管理を実行する部隊としてとらえ、またスペツナズも近年の混沌とした安全保障環境において、たとえ100人の兵力で構成されていようとも1個機甲旅団よりも任務遂行に適し、また有効な兵力であることを実証している。

ロシア固有の特殊部隊

　スペツナズのように存在が意図的に秘匿された部隊を研究しようとするとき、手がかりすらつかめないことに苛立ちを覚える。スペツナズに関して言えば、ソ連やロシアのマスキロフカ（偽装戦略）の影に隠れているだけでなく、"神話"によっても真の姿が見えづらくなっている。

　神話の多くはソ連からの亡命者、ウラジーミル・レズンがペンネーム「ヴィクトル・スヴォーロフ」の名で発表したソ連軍についての複数の暴露本によるところが大きい。面白おかしく扇情的な彼の著書には誇張された事実や明らかに真実とは異なる情報が数多く含まれ、この傾向は軍の諜報機関やスペツナズになるとさらに甚だしい。

　このような障害はあるものの、1991年にソ連が崩壊してからは、主としてロシア語の文献において、多くの研究が発表される

ようになり、私たちが知ることのできる貴重な情報がもたらされるようになった。スペツナズの隊員は身長3メートルの巨人ではなく、スペツナズはSASやグリーンベレーを模倣した二流部隊でもなく、ロシア固有の特殊部隊であることが明らかになった。

目 次

はじめに 1

　神話化されたスペツナズ／スペツナズとは「特殊任務」／ロシア固有の特殊部隊

第1章　スペツナズの先駆者 11

　スペツナズのルーツはロシア革命／スペイン内戦で得た教訓／トゥハチェフスキー将軍の新戦略

第2章　大祖国戦争（第2次世界大戦） 20

　パルチザン（ゲリラ兵）の支援／爆破工作大隊／ソ連海軍歩兵隊の創設

第3章　冷戦期のスペツナズ 28

　「スペツナズの祖父」スタリノフ／大隊から旅団へ大きく発展／共産帝国の警察官「スペツナズ」／謎に包まれたスペツナズ

第4章　アフガン侵攻とスペツナズ 40

　アフガン侵攻で先鋒を務める／ムスリム（イスラム教徒）大隊の創設／続くアフガン派兵／スペツナズの戦い／スティンガー・ミサイル狩り／スペツナズの精強さの秘密／アフガニスタンからの撤退／政府要人の警護と国内警備

第5章　ソ連崩壊後のスペツナズ 62

戦闘教義の変更、予算の削減／タジキスタン内戦への派遣／外国軍の情報収集疑惑／新たな戦い／第1次チェチェン紛争（1994～96年）／第2次チェチェン紛争（1999～2002年）／カディロフツィとザーパド・ヴォストーク大隊／新型歩兵戦闘装備の開発

第6章　現代のスペツナズ 83

2008年グルジアの戦い／特殊作戦司令部の新設／苦境に立つGRU（2010～13年）／2014年の部隊編制／昇進の道が閉ざされるスペツナズ／2014年ウクライナ内戦／旧ソ連諸国のスペツナズ／スペツナズの将来

第7章　スペツナズの装備 120

小銃・狙撃銃・拳銃／機関銃・グレネードランチャー／ラートニク個人装備／近接戦闘の武器と格闘技／水中装備

用語解説 10
参考文献 134
監訳者のことば 135

用語解説

ChON　特殊任務部隊
FSB　連邦保安庁
GRU　参謀本部情報総局
KGB　国家保安委員会
KSO　特殊作戦司令部
MVD　内務省
NKVD　内務人民委員部
ObrON　独立特殊任務旅団（内務省軍）
oBrSn　独立特殊任務旅団（スペツナズ）
OGBM　独立親衛爆破工作大隊
OGPU　合同国家政治保安本部
OKSVA　暫定アフガニスタン駐留ソ連派遣軍
omrpSpN　海軍独立特殊任務偵察隊
ooSn　独立特殊任務大隊（スペツナズ）
opSn　独立特殊任務連隊（スペツナズ）
orSn　独立特殊任務中隊（スペツナズ）
orrSn　独立特殊任務偵察中隊（スペツナズ）
Spetsgruppa　特殊戦群を指す包括的な呼称。複数形はspetsgruppy
Spetsnaz　特殊任務
TsSN　特殊任務センター
VDV　空挺軍
VV　内務省軍

第1章
スペツナズの先駆者

スペツナズのルーツはロシア革命

　スペツナズが正式に発足したのは1950年のことで、その誕生が比較的新しいことに驚かれるかもしれないが、発足時にはすでに特殊部隊の母体となる長い伝統を有する部隊が複数あった。それは赤衛隊のエリート部隊から始まり、第２次世界大戦時に敵の後方攪乱などで活躍したコマンド部隊（訳注）もまたその１つである。

　スペツナズは長い歴史と伝統を有し、誇り高い「ラズヴェーチク」（軍偵察部隊）の後継者であることに疑いの余地はないが、共産党政権の当初から不可欠な存在であった政治警察が発展したものでもある。ソ連の政治警察は強大な武力を有していた。

　また1917年11月のロシア革命後の1918年１月に労農赤軍（単に赤軍と呼ばれることが多い）が創設されると、「アクチーフキ」（敵の後方で隠密裏に行なわれる独立偵察行動）が開始され、この行動は赤軍の作戦には欠かせないものとなった。

　1918年から22年のロシア内戦で、赤軍は複数の敵と多方面で戦闘することを余儀なくされた。母国での敵は革命に抵抗する白軍

と、ロシア帝国から独立を試みる民族主義者、社会革命党などの競合急進派、そして国外からは近隣諸国や英・米・仏・日などからなる干渉国軍などがあった。

ボルシェヴィキ（レーニンを指導者とするロシア社会民主労働党左派）は少数派であったものの、団結した支持者の士気は高く、主要都市や産業・通信の中枢を占拠していった。その一方で、彼らは複数の敵と多方面の前線で戦わなければならなかった。

ボルシェヴィキは敵が赤軍と勢力を均衡しようとする動きを封じなければならず、また数の上では自軍を上回る敵を少しずつ撃破していくために、いつどこにどれほどの兵力を集中させるかを見極める必要があった。対応策の1つとして重要視されたのが、敵の後方を長距離にわたって移動する奇襲・偵察行動であった。

このような行動で特筆に値する成功を収めたのが赤軍騎兵隊であった。また筋金入りの支持者が自国内での対諜報保安部隊を組織し、敵占領地では破壊工作や民衆の扇動に従事した。後者の任務を実施するため、ボルシェヴィキは特殊任務部隊（ChON）を編成し、1921年末には約4万人の隊員を確保した。

スペツナズの淵源を見ることができるこれらの祖国部隊の多くは現実の、あるいは反革命主義者と疑われる勢力を根こそぎ掃討し、一般部隊の思想強化に努めたが、少数の特殊任務要員は破壊工作や暗殺にも従事した。

そして「チェーカー」と呼ばれたボルシェヴィキの政治警察もまた自らが指揮下におく部隊を保有していた。特殊任務部隊（ChON）と同様にチェーカーも多くは後方での保安と警務を担当したが、その一部は特殊任務や斥候要員として戦場に派遣されていた。

1917年のロシア革命で赤衛隊に加わった兵士らがニコライ帝政の警察署に小銃を向けている。ボルシェヴィキ最初の「特殊部隊」はイデオロギーを最も信奉する兵士によって構成されていた。

　さらにチェーカーはボルシェヴィキと敵対していたポーランドで積極的に兵員募集を行ない、数千人に及ぶパルチザンを支援した結果、ポーランド国内においても共産党員獲得やその他の革命勢力結成に成功し、1920年7月から9月にかけてはミンスクに傀儡政府を樹立した。

　これらの試みはポーランドを不安定化し、赤軍がワルシャワに侵攻するのを手助けし、また赤軍がウクライナの奥地まで退却しなければならなくなるような事態を回避するための手段であったが、モスクワが期待したほどの効果はなかった。だがソ連が地元

スペツナズの先駆者　13

1919年にアレクサンドル・エゴロフ赤軍司令官とレフ・トロツキー戦争担当ボルシェヴィキ人民委員が、ハルキウにおいて赤軍槍騎兵を閲兵している。赤軍騎兵は攻撃時の尖兵として突進しただけでなく、迅速、そして広範囲にわたり敵占領地の奥深くに侵入し、補給線の遮断などの破壊活動を展開するとともに、白軍を支援、あるいはその嫌疑をかけられた市民を恐怖におとしいれた。

革命主義者を利用したのは、その後に続く大きな戦略形成のさきがけとなった。

　ロシア内戦は1922年に終結し、ボルシェヴィキの勝利に終わった。特殊任務部隊（ChON）は1923年から24年にかけて解隊されたが、辺境では残敵の掃討が続いていた。僻地でボルシェヴィキは強い支持を集めることができず、相対的に地元の民族主義者や地方軍閥および盗賊の勢力は強かったからだ。

　この状況は中央アジアにおいて顕著で、「バスマチ」として知られるイスラム反乱勢力は1930年代初頭まで抵抗を続けた。再びモスクワは航空兵力を含む一般の作戦部隊のみならず、少数の赤

軍騎兵と政治警察隊（この時点ではOGPUと呼ばれていた）を派兵し、「レッド・ステック」と呼ばれた地元親ソ連軍事組織から情報を得て、協同で反乱勢力の対処にあたった。

（訳注）コマンド／コマンドー（Commando）とは、第2次世界大戦中、イギリス陸軍が挺進行動により特殊任務や遊撃作戦を実施するために特別に訓練した兵士たちで編成した部隊の名称である。現在では特殊部隊を指す総称的な意味でも用いられている。また一方、指揮・統制、司令部・本部あるいは建制上、その統制下にある部隊を意味するコマンド（Command）とは別の用語である。

スペイン内戦で得た教訓

ロシア内戦と第2次世界大戦のあいだには、のちに統合されることになる2つの前身となる組織が存在した。その1つは反乱発生時にゲリラ行動による介入を目的に訓練された「攪乱攻撃隊」で、スペイン内戦（1936〜39年）で活動した。ソ連はフランコ将軍率いるナショナリストと戦火を交えていた共和国派を支援し、内務人民委員部（NKVD）と改称された政治警察がこのような部隊を指揮・運用していた。そして、これらの活動はもう1つの組織である参謀本部情報総局（GRU）と調整を図りながら実施された。

GRUのキーパーソンとしては、のちにスターリンの粛清を恐れて、1938年に西側に亡命したアレクサンドル・オルロフが挙げられる。また彼の次席であり、コトフ将軍としても知られていたレオニード・エイチンゴン、首席軍事顧問であったヤン・ベルズィン（本名ピョートル・キュジス）も重要な役割を果たした。経験豊富なGRUの将校であったキュジスは、のちにグリシン将軍とし

ハジ＝ウマル・マムスロフはコーカサス出身のオセット人で、1918年に赤軍に入隊し、1930年代から40年代にかけて、精力的で情熱にあふれる攪乱部隊指揮官となった。スペインではクサンティという別名で活動し、アメリカ人小説家アーネスト・ヘミングウェイはマムスロフの勇気と信念にいたく感銘を受けた。ヘミングウェイの著書『誰がために鐘は鳴る』の中に登場するヒーローのモデルは彼だったという説もある。第2次世界大戦では戦線を越えて、敵占領地内のパルチザンを組織化した。この功績からマムスロフはソ連邦英雄となった。彼はのちに上級大将となり、参謀本部情報総局（GRU）の副総局長を務めた。

て知られるようになり、破壊工作と暗殺部隊を指揮した。

　スペイン共和国派は当初ソ連が持ち込もうとしていた戦術に反対したが、ソ連は強引に工作を実行し、やがて共和国派はソ連に屈した。戦局が厳しくなるとともに、ソ連は共和国派の競合勢力を壊滅させることに成功した。

　共和国第14特殊軍団にうまく溶け込んだオセット人のハジ＝ウマル・マムスロフやラトビア人のアルトゥス・スプロギスのようなGRU将校は戦局を好転させることこそできなかったものの、今後の作戦や行動に資する貴重な体験や教訓を得ることに成功した。

　マムスロフの例を挙げれば、彼は1939年から40年にかけて発生したフィンランドとの冬戦争で、フィンランド語を話すイングリア人を含む「臨時攪乱隊」を編成・指揮し、捕虜にした敵兵の尋問を目的とする襲撃を実行した。大きな成果は上がらなかったが、GRU内の第5局（戦場での諜報活動を担当）はマムスロフの理念を認め、第2次世界大戦ではこのような襲撃がより広範囲で

実施されることになった。

トゥハチェフスキー将軍の新戦略

特殊部隊が発展していく過程で、重要なポイントは空挺部隊の創設であった。この空からの攻撃に早い段階から着目していたのが、ソ連陸軍における最も勇猛かつ精力的、そして先見の明を持った赤軍指揮官の1人、ミハイル・トゥハチェフスキーであった。

トゥハチェフスキーは1925年に赤軍の総指揮官になると、大胆な陸軍の改革に乗り出し、「敵地の奥深いところでの戦い(縦深作戦)」という新たな理論を提唱した。国家総力戦で重要なのは前線に沿って延々と敵と対峙することではなく、いかにして前線を突破するか、あるいは戦線を迂回することで、敵の補給線と指揮中枢を攻撃することであると主張した。

自らの理論を具体化するため、トゥハチェフスキーは戦車部

ソ連軍元帥となるミハイル・トゥハチェフスキーは下級貴族の家に生まれたが、1918年に赤軍に入隊した。トゥハチェフスキーの資質と能力を見いだしたトロツキーは、トゥハチェフスキーをシベリアならびにウクライナの重要な指揮官ポストにつけた。精力的で革新的な指揮官であったトゥハチェフスキーは敵中奥深くまで潜入する騎兵と、のちには落下傘部隊の発展に尽力した。1937年にスターリンによって粛清されたが、彼の死によって第2次世界大戦直前のソ連は予見と洞察力に優れた将官のひとりを失うことになった。

「ファシストの後方で活躍するパルチザン勇士、万歳！」この第2次世界大戦当時のポスターは破壊工作の重要性を強調している。NKVDとGRU軍事顧問はパルチザンによる電話線の切断、橋梁の爆破、補給拠点の襲撃などを奨励した。ロシアにはナポレオンの大陸軍など、侵略者に抵抗した農民の英雄伝説が数多く語り継がれているが、当時の農民は1930年代のソ連ほど厳格に政治面での条件を実践することは求められていなかった。戦端が開かれた直後にソ連領内で戦闘が発生するという可能性が公式に想定されていなかったことから、1941年7月3日にスターリンがパルチザンによる抵抗を呼びかけたとき、ゲリラ戦の準備はできていなかったのが実情だった。

隊、空挺部隊や特殊部隊を用いて敵を後方から崩壊させる戦術を探り始めた（しかしながらトゥハチェフスキーは皮肉にもゲリラ戦は正規の作戦・戦闘の対極に位置すると書き残している）。

1930年になると、落下傘降下によって敵の後方へ12人の「攪乱」チームを送り込む演習が初めて行なわれた。この試みは成功し、空挺中隊の誕生をみることになった。この中隊は1932年に、第3空挺強襲特殊旅団と称される正規空挺旅団へと発展を遂げたが、創設時からこの部隊は特殊部隊として運用が想定されており、戦機をつかみ、敵後方地域の目標を占領・破壊し、また暗殺や破壊活動を行なうことで敵を攪乱することを任務としていた。

トゥハチェフスキーはのちにスターリンの猜疑心の犠牲者となり、ファシストのスパイとして1937年に逮捕・処刑されたが、トゥハチェフスキーが手塩にかけて育てた空挺部隊はその後も発展を続けた。

　1941年のドイツ軍よるソ連侵攻の時点で空挺軍（VDV）は5個師団規模（間もなく10個師団となった）の兵力を有する空挺襲撃軍団となっており、これらの師団には遠隔地で隠密行動や遠距離行動を任務とする特殊任務（スペツナズ）大隊が少なくとも1個大隊含まれていた。

第2章
大祖国戦争（第2次世界大戦）

パルチザン（ゲリラ兵）の支援

　ソ連は長らく西方から侵略を受けることを想定していた。1921年に革命的な軍事理論家ミハイル・フルンゼは「ゲリラ戦を専門とし、正規軍部隊の支援を受けるパルチザンの必要性」を説いたが、1941年6月のドイツ軍による侵攻はクレムリンの不意を突いたものであり、ソ連がうろたえたのは周知の事実である。

　ソ連軍が開戦から数週間で崩壊したため、前線に送る兵力が不足し、空挺軍（VDV）は単なる軽歩兵として前線に送られ、蓄積されていた特殊戦用の武器も放棄・遺棄された。

　その後、この状況は見直され、それぞれ独自にゲリラ戦を展開していた政治警察（NKVD：内務人民委員部）と参謀本部情報総局（GRU）は、特殊戦の専門訓練を受けた指揮官、爆発物エキスパート、スナイパーを枢軸国との戦線を越えた後方に送り込み、レジスタンス集団の訓練と行動を支援することにした。

　NKVDは元国境警備隊員から構成された部隊を運用し、GRUもまた別の部隊を指揮していたが、最高司令部（STAVKA）のゲリラ局（正式名称はゲリラ行動中央参謀部）がレジスタンス運動

独立特殊任務自動車化歩兵旅団（OMSBON）隊員の支援を受けて、D.N. メドヴェージェフ大佐指揮下の「勝利者」と称するパルチザンのグループが任務完了後にカメラに向けてポーズをとっている。道案内をするひとりの民間人を除いて、パルチザンは淡茶色の落下傘兵が着るカバーオールと、ピロートカ帽を着用している。濃い色のピロートカ帽を着用している兵士が2人おり、これはNKVDの青い帽子かもしれない。（モスクワ中央軍事博物館）

の全体的調整を行なった。

　大祖国戦争ではスペイン内戦に参加し、野戦に必要な専門技術を身に着けた戦闘員（多くは外国人兵であった）、西側諸国へ派遣されたことのある情報将校、そして一般の部隊から選抜された兵が集められた。このような将兵は極めて幅広い知識と経験を有していた。

　一例を挙げれば、情報将校であったスタニスラフ・ヴァウプシャソフは1920年代にポーランドに占領されていたベラルーシでス

パイ活動に従事していた経験があった。のちに彼はスペインに「アルフレート同志」として派遣され、ドイツ人のスパイが本国とやりとりする通信を傍受するなど、多くの成果を上げた。1939年から40年のフィンランドとの戦争では、ヴァウプシャソフはスキー部隊を率いて敵中深く行動しただけでなく、フィンランドとスウェーデンで再びスパイとして暗躍した。大祖国戦争が始まると、今度は内務人民委員部（NKVD）に配属となり、再びベラルーシに戻って２年にわたり枢軸国との戦線の反対側で現地のパルチザンを組織化し、指揮をとった。

爆破工作大隊

前述したように、スペツナズの前身はラズヴェーチキ（ラズヴェーチクの複数形）として知られていた軍の攪乱・偵察部隊であることに間違いはないだろう。ラズヴェーチキは組織図の上では参謀本部情報総局（GRU）の下に位置したが、実際の指揮は作戦地域の上級司令部である「戦線」から受け、戦況によってはパルチザンと協同で任務にあたり、また独自に行動した事例もある。

NKVDの独立特殊任務自動車化歩兵旅団（OMSBON）もまたパルチザンの訓練を支援し、重要な任務においては必要とされる実践的な支援と増強火力を提供した。

脚光を浴びなかった英雄部隊としては、GRU隷下にあった独立親衛爆破工作大隊（OGBM）が挙げられる。大隊は戦線に編入され、戦略上の予備兵力として上級司令部に直属した。

頑強な身体の志願兵や狩猟経験者、共産党や共産主義青年同盟の献身的な党員が爆破工作大隊の隊員となり、さまざまな爆破任務にたずさわるだけでなく、落下傘降下による潜入、長距離にわ

1942年に北方艦隊第181特殊偵察隊に配属されていたヴィクトル・レオーノフ（右）。制帽ではない帽子をかぶり、テログレイカ（綿入り防寒ジャンパー）を着ている。手にしている銃はSVT-40セミオートマチックライフルである（手前の隊員が携行しているのはPPD-34短機関銃）。この写真が撮影された翌年に彼はこの部隊の指揮をとるようになり、ソ連邦英雄として2回叙勲された。（ドイツ連邦共和国国立公文書館）

たる挺進行動や通信の訓練を受けた。

　1943年8月のスモレンスクの攻勢において、9チームに分けられた総勢316人からなる爆破工作員が同時に前線を越えて枢軸国の内部に潜入し、約200マイル（322キロ）奥地で鉄道線を遮断した。1945年8月、満洲において対日作戦が開始されると、第20襲撃爆破工作旅団の襲撃分遣隊は戦線を越えて、重要なトンネルを確保し、あるいは前線の反対側に空輸され（放棄された飛行場に着陸するだけのときもあった）、日本軍の補給・通信網を遮断した。

ソ連海軍歩兵の創設

 厳しい戦局のなかで、驚くほど迅速に編成されたのが海軍歩兵、すなわちソ連の海兵隊である。海軍歩兵はバレンツ海とスカンジナビア半島周辺海域を担当した北方艦隊の創設と深い関わりがある。

 1930年代の北方艦隊の長距離偵察能力は限られており、大祖国戦争が始まると、北方艦隊司令長官のアルセニー・ゴロフカ提督は、陸上での偵察・襲撃能力の必要性を痛感した。

 ゴロフカ提督が創設を主導した第4特別志願水兵隊は、歴戦の勇士や身体能力に優れた士気の高い者など70人ほどの志願兵によって構成され、ポリャールヌィ海軍基地から出撃した。当初の行動は小規模偵察や、主として海から、ときには陸からフィンランド（のちにはノルウェーも）に侵入するものに限られていたが、北方艦隊中央司令部に隷属する第4独立偵察隊、そして第181独立特殊偵察隊へ姿を変えると、任務は破壊工作、情報収集や尋問するために捕虜を獲得することも含まれるようになった。

 1943年末になると、第181独立特殊偵察隊は熱血漢で波乱に富んだ生涯を送ったエリート軍人、ヴィクトル・レオーノフ大尉が指揮をとるようになった。レオーノフは1937年に任官すると潜水員としての訓練を受け、潜水艦で短期間勤務したのち、大祖国戦争開戦とともに第4特別志願水兵隊への配属を志願し、チャレンジ精神と高い技能を活かして優秀な指揮官となった。

 レオーノフの武勲としては1944年10月にクレストーヴイ岬に配備されていたドイツ軍海岸砲部隊を攻略したことが挙げられる。この強固に防備されていたドイツ軍砲台は戦略的に重要であったコラ半島付近のペッツァモ湾の入り口に位置し、150mm砲が湾口

を睨んでいた。当初は空や海からの攻撃が行なわれたが、これらの試みは成功しなかった。そこでレオーノフは中隊を隠密裏に離れた地点に上陸させ、2日かけてクレストーヴィ岬に向かった。レオーノフの部隊はドイツ軍の88mm砲を鹵獲し、この砲を用いてドイツ兵の反撃を阻止しただけでなく、主要砲台を奪取した。ドイツ兵は海岸砲がソ連軍の手に渡ることを恐れて、これを破壊した。

ゲリラ兵と行動をともにするソ連海軍水兵。ベスコズィルカ（つばなし制帽）の識別章は「リヤーヌイ」とあり、この艦名は太平洋艦隊所属のグネフヌイ級駆逐艦の1隻のものである。（モスクワ中央軍事博物館）

　レオーノフはクレストーヴィ岬の襲撃のあと、「ソ連邦英雄」の称号を受け、ドイツ降伏後は、太平洋艦隊への配属を志願して、日本軍との戦闘に参加した。レオーノフが指揮した第140独立特殊偵察隊は、ソ連軍が日本軍を中国と朝鮮へと追いやるなか、先鋒となって日本の支配下にあった都市へ前進した。飛行場の確保を命ぜられた朝鮮の元山（ウォンサン）では、レオーノフと政治委員は8人で日本軍陣地に向かい、わずか150人の兵力で3千人の日本軍将兵を降伏させた。

ソ連の特殊部隊の草創期

❶OGPU騎兵分隊長（1923年フェルガナ盆地）
ボルシェヴィキ政治警察は1920年代に中央アジアにおいて困難を極めたバスマチ運動鎮圧で重要な役割を果たした。この合同国家政治保安本部（OGPU）騎兵は一触即発の状態にあるフェルガナ渓谷で監視任務についており、古風な紺色のブジョーノフカ帽をかぶり、赤軍に支給されたばかりのM22野戦服を着用している。制服にはOGPUを示す黒の部隊章が、また胸には白の縁取りがあるタブがある。袖のタブには赤の星があり、その下には伍長を示す三角の階級章がある。手にしているのはドイツ製の7.63mm M1921モーゼル拳銃。この拳銃が政治警察の後身で「チェーカー」と呼ばれていた機関のトレードマークになっていた。サーベルは1881年式騎兵刀である。

❷NKVD隊員（1943年枢軸国占領地）
NKVD（内務人民委員部）は「大祖国戦争」のあいだ、敵占領地において有効なパルチザン活動の展開と支援において不可欠な存在であった。イラストのゲリラ兵は待ち伏せ攻撃直前の様子で、民間人の恰好をしているが、彼の身分は、当時最新鋭の7.62mm PPS-43サブマシンガンとTT1933トカレフ拳銃を手にしていることからも明らかだ。ドイツ製の双眼鏡は鹵獲品である。

❸「スペツナズの祖父」となるイリヤ・スタリノフ少佐
今日のスペツナズの基礎は参謀本部情報総局（GRU）の将校であったスタリノフによって築かれた。精力的なリーダーであった彼はロシアとスペインの内戦で経験を蓄積し、第2次世界大戦では敵占領地においてゲリラ活動を指揮・統制した。イラストは開戦当初の1941年、モスクワにおけるスタリノフの姿で、彼は工兵部隊の副参謀長の地位にあった。工兵部隊とはいうものの、スタリノフが受けた命令は橋梁や鉄道の建設ではなく破壊であった。裏地が羊革のM31ベケーシャ冬コートの下には赤軍将校冬制服であるギムナスチョールカを着用し、赤いラインが入った紺色の乗馬ズボンとブーツを履いている。また襟には黒の徽章がある。のちにスタリノフはソ連軍史上で最も叙勲を受けた将兵のひとりとなるが、このイラストの時点ではレーニン勲章と赤旗勲章が最高位のものである。

❹ハインリヒ・ラウ記念切手
2つの大戦のあいだ、海外に派兵されたソ連特殊部隊は外国人共産主義者を数多くスカウトした。ハインリヒ・ラウもそのひとりである。ラウはドイツ人革命主義者で、リャザン歩兵学校（のちにソ連空挺軍の母体となる）で訓練を受けた。1937年に政治委員としてスペインに赴いた彼は、のちに国際旅団の大隊長となり、フランコ軍と戦火を交えた。野戦指揮官であるとともに政治運動にも積極的に参加したラウは、海外で活動するソ連将兵の模範的存在であった。これはスペイン共和国派で活躍したドイツ人英雄を顕彰する東ドイツの記念切手である。

第3章
冷戦期のスペツナズ

「スペツナズの祖父」スタリノフ

　大祖国戦争が終結すると、ソ連の偵察・破壊工作部隊の多大な功績は忘れ去られようとしていた（アメリカのOSS戦略諜報局の特殊部隊とイギリスの特殊部隊SASも同じ運命をたどっていた）。

　ナチス・ドイツは消滅し、ソ連が占領した東欧諸国の権益を取り込もうとするとき、必要なのは保安部隊であった。さらにソ連陸軍中枢は、ドイツとの戦争から学んだ教訓と新たな技術を活かして強力な対機甲打撃力の再建を目指していた。そのため内務人民委員部（NKVD）の独立特殊任務自動車化歩兵旅団（OMSBON）の多くが解隊され、敵中奥深くに潜入する挺進行動部隊の思想も失われようとしていた。

　その一方で、偵察・破壊工作部隊の重要性を唱える人物がいたのも事実である。「スペツナズの祖父」として知られる、参謀本部情報総局（GRU）所属将校のイリヤ・スタリノフ（26ページ参照）もその1人であった。将兵から信頼が厚かったスタリノフはロシア内戦時にボルシェヴィキに加わり、工兵将校となった。ス

ペイン内戦では「ロドルフォ同志」として知られ、スペイン共和国派に爆発物の取り扱いを指導した。大祖国戦争では「ヴォルク（狼）」というコードネームで呼ばれ、パルチザンの組織化と爆破や地雷敷設などの指導にあたった。

　1947年から50年にかけてGRUは大規模な組織改編を行ない、1949年に独立特殊任務偵察中隊（orrSn）を創設し、この中隊は敵陣の後方、最大200キロまで潜行して任務を遂行した。特殊部隊というよりは斥候を主体とした独立特殊任務偵察中隊の訓練は専門的なものではなかったが、この部隊がスペツナズの母体となったことに変わりはない。

　この時期、GRUは各国に軍事顧問団を派遣し、それらの国々で西側宗主国に対する独立戦争や反乱を指導するようになった。そのため、ゲリラ戦の経験があり、情報活動に精通した新たな将校団が生まれた。この新世代の将校たちの教育・訓練にあたったのが、スタリノフであった。のちにスペツナズは軍事顧問、指導者、ときには実戦部隊として北朝鮮からキューバまで多方面に派遣されることになる。スペツナズにはGRUから派遣された将校が同行し、彼らはゲリラ戦の技術を教え、さらに将来必要となるかもしれない現地の情報を収集した。

大隊から旅団へ大きく発展

　スペツナズを急速に発展させたのは、やはり海軍であった。1950年にGRUの海軍情報局第3部は初めて海軍スペツナズ旅団を編成し、4つあった艦隊のそれぞれに1個旅団を配属した。

　ソ連軍の編制では、旅団は独立した行動が可能な特別部隊で、兵員数も1000人以下と少なく、西側諸国の旅団とは性格を異にし

ていた。海軍スペツナズ旅団は小規模であったものの、1950年代末までに水中破壊工作および対破壊工作を任務とした潜水員を配属し、また潜水艇も配備した。

　1957年8月、GRUは独立特殊任務偵察中隊（orrSn）をもとに5個独立特殊任務（スペツナズ）大隊（ooSn）を創設した。この大隊は3個中隊と大隊本部で構成されており、有事には第一線部隊として戦線に配置される予定だった。スペツナズ大隊の編成が急がれた理由として、アメリカがヨーロッパに配備し始めた戦術核兵器の存在が背景にあった。スペツナズ大隊の任務は、北大西洋条約機構（NATO）との前線を越えて、敵中奥深くまで潜入し、最大射程1125キロを有するMGM-1マタドール戦術地対地巡航ミサイルを発見し、可能であればこれを破壊することであった。そのためにこの新編されたスペツナズ大隊には空中機動によって敵地に乗り込むだけでなく、尖兵として戦闘でも高い能力が要求されていた。最終的には5500人の兵力をもって、40個独立特殊任務中隊（orSn）が組織され、GRU第5局の隷下に入った。

　この時期のスペツナズの有力な後援者になったのは、スペイン内戦下で特殊部隊を指揮した経験があるGRU副局長のマムスロフ大将であった。独立特殊任務中隊の多くは通常3個小隊と無線通信小隊で編成され、1957年になると独立特殊任務中隊を指揮下におくスペツナズ大隊は以下のように配置されていた。

第26独立特殊任務大隊（ドイツ駐留ソ連軍）
第27独立特殊任務大隊（ポーランド駐留ソ連北部軍）
第36独立特殊任務大隊（カルパティア軍管区）
第43独立特殊任務大隊（南コーカサス軍管区）
第61独立特殊任務大隊（トルキスタン軍管区）

通常戦力で、アメリカの戦術核兵器を無力化できるのではないかという希望的観測がソ連で強まるにつれ、スペツナズへの期待も大きくなり、結果としてスペツナズは大きく発展した。1962年には5個大隊が6個旅団になり、訓練も任務に適合すべく専門化していった。

　当初は空挺軍（VDV）の施設で偵察任務の訓練を受けることが多かったが、1968年にはロシア北部のペチョラに専用の教育連隊が新編され、のちにウズベキスタンのチルチクにも教育連隊が設けられた。スペツナズに所属する兵は独自のカリキュラムに沿って初歩的な外国語教育を受け、戦場での捕虜への尋問方法も学ぶことになった（この外国語教育と捕虜尋問はスペツナズの教本において密接に関係づけられている）。

共産帝国の警察官「スペツナズ」

　スペツナズが発展したもう1つのきっかけは、東ヨーロッパと中央ヨーロッパに誕生した共産国家で内紛が発生した際に、その鎮圧にスペツナズが有効であるという認識が生まれたことが挙げられる。

　1956年にハンガリーがモスクワの支配に反旗を翻（ひるがえ）したとき、のちにソ連国家保安委員会（KGB）の議長をへて、共産党中央委員会書記長となるユーリ・アンドロポフ大使は中央軍団に配属になっていた独立特殊任務偵察中隊（orrSn）を呼び寄せ、反乱鎮圧を目的とした「旋風作戦」でハンガリー政府の動きを封じた。

　アンドロポフは「大きなハンマーを振るよりメスを使うべきだ」という考えを持っており、スペツナズが任務を遂行する過程で見せた鮮やかな手腕（ソ連軍を評価するのにはめったに使われ

1982年にソ連共産党中央委員会書記長となったときに撮影されたユーリ・アンドロポフ。アンドロポフは軍の一部隊にすぎなかったスペツナズが政治的役割を与えられていく過程で重要な役割を果たした。1956年10月にハンガリー動乱が発生したとき、ブダペスト駐箚ソ連大使であったアンドロポフは軍の介入を要請し、11月の動乱鎮圧においてはスペツナズを使ってナジ・イムレ政権の要人拘束を確実に実行した。1967年にKGBの議長になったアンドロポフは、KGB独自のスペツナズも創設した。

ない表現である）にいたく感心した。ハンガリーでの実績を大幅に採り入れることで、GRUは1965年に新たなスペツナズの「戦術マニュアル」を作成した。

1968年夏、再びアンドロポフはスペツナズに望みを託すことになった。チェコスロヴァキアで自由化を求める「プラハの春」運動が起き、ソ連は反乱の鎮圧を決定したからだ。カルパティア軍管区から派遣された第8スペツナズ旅団がこの「ダニューブ作戦」を主導し、旅団はKGBのスペシャリストとともに行動した（アンドロポフはKGB議長となっていた）。

ソ連の鎮圧行動はまず1968年8月20日にプラハのルズィニエ空港（現バァーツラフ・ハベェル空港）にアエロフロートの塗装を施した2機のAn-24「コーク」旅客機が着陸したことから始まった。定期便ではない2機のAn-24からスーツ姿のKGBのスペシャリストが降り立ち、親ソ連派チェコスロヴァキア保安部隊将校の

1968年に「プラハの春」が起きると、ソ連はチェコスロヴァキアへ侵攻した。抗議するプラハ市民が2両のソ連軍T-55戦車を取り囲んでいる。同じタイプのチェコスロヴァキア人民軍戦車と識別するため、ソ連軍戦車には白の十字がペイントされている。スペツナズは空港とその他の重要施設を制圧し、ソ連軍がプラハへ侵攻できるよう交通路を確保したが、機械化された部隊にとって大都市であるプラハの占領は予想に反して複雑で多くの時間を要した。

出迎えを受けた。滑走路の安全が確認されると、今度は2機のAn-12「カブ」輸送機が着陸し、スペツナズ隊員が飛び出すと散開して、空港を占拠した。

ソ連軍によって確保された空港に、その後スペツナズならびに第103親衛空挺師団から派出された部隊からなる先遣制圧本隊が到着し、スペツナズは増援部隊が到着するまで大統領府、主要な橋梁、ラジオ局、レトナ丘（野砲陣地を構築するだけの標高があった）などの重要拠点を確保した。数時間以内にソ連の機械化部隊が国境を越えてチェコスロヴァキアに侵攻すると、プラハは完全にソ連軍の手に落ちた。

冷戦期のソ連兵

❶1968年8月、プラハのスペツナズ
スペツナズはアレクサンデル・ドゥプチェク率いるチェコスロヴァキアの改革政権を倒すべく、ソ連部隊の先鋒としてプラハのルズィニエ空港や同市の主要地点を確保した。イラストは空港の外周を警備する兵士。空挺ヘルメット、カバーオール戦闘服、この下に空挺軍（VDV）を示すストライプの入ったテルニャシュカ（シャツ）を着用し、スペツナズ隊員であることを示すものは少ない。陸軍型の革製弾帯の上にPB消音拳銃の入ったホルスターを吊っている。この拳銃は前年に採用されたばかりで、KGBとGRUの兵員以外にはまだ支給されていない。ここには描かれていないが、背中には塹壕掘りなどに用いる戦闘シャベルを提げており、スペツナズはこれを格闘戦の武器としても使えるよう訓練されていた。

❷1976年当時の駐アンゴラ軍事顧問
アジア、アフリカ、中南米における革命闘争をソ連は西側の影響力を弱体化させ、自らの支配を拡大するチャンスととらえた。多くの革命勢力がソ連から軍事的支援を受け、軍事顧問は現地勢力にソ連製装備品の使用法や作戦立案・実施の指導を行なった。イラストのスペツナズ尉官はアンゴラ解放人民軍（FAPLA）に同行する軍事顧問である。目立たぬように階級章を外してFAPLAの迷彩戦闘服（フランス軍から始まりポルトガル軍なども採用した迷彩パターンで、この戦闘服はキューバで製造されたもの）を着用している。制服の品質は粗悪で、この服装においてもベトナム製の野戦帽の色合いは上衣やズボンよりも薄い。

❸1977年、寒冷地戦闘服装の狙撃手
有事にソ連は素早くスカンジナビア半島に侵攻し、北方の守りを固めるとともに、海軍艦艇の出撃航路を確保する計画であった。このため、スペツナズは寒冷地で長距離行動できるよう、降積雪下での行動訓練を受けていた。イラストはムルマンスク近くで演習中の狙撃手で、白のカバーオールの下に、厚手の冬季戦闘服と毛皮のウシャンカ帽を着用している。ここには描かれていないが、狙撃手は暖かいもののかさばるヴァレンキ（フェルト製の防寒用長靴）ではなく冬季用革製長靴を履いており、7.62mm SVDドラグノフ狙撃銃を保持するため、スキーのストックを活用している。この狙撃銃の標準装備であるPSO-1スコープの電源バッテリーが極寒下で性能低下するのを防ぐため、バッテリーは本体から取り外され、延長コードを経由して被服内のポケットに入れられている。

❹NRS-2型スペツナズナイフ
刃を目標に向けて発射することのできる弾道ナイフをスペツナズが使用しているというのは西側の神話にすぎないが、NRS-2型サバイバルナイフが支給されることはあった。このナイフには7.62mm拳銃弾1発を25メートルの射程で発射する機能があった。鞘はナイフと組み合わせてワイヤーカッターとしても使用できる。

謎に包まれたスペツナズ

 以上のような作戦があったものの、スペツナズの存在は秘匿されていた。スペツナズの行動が大衆の目にさらされることはなく、その存在も長らく否定されていた。特殊部隊に関することは公にはされず（軍事郵便ですら、宛先は数字が長く並べられただけだった）、赤の広場で行なわれた軍事パレードに参加することもなかった。戦死者の墓標に所属部隊を記すときは空挺軍の兵士であったと刻まれた。このような事情から当時、西側でソ連軍の動向に関心を持つ人々は、ヴィクトル・スヴォーロフことウラジーミル・レズンが著書を発表する以前からその秘密を探ろうと好奇の目を向けていた。

 限られた数回ではあったが、スペツナズが本国や東欧諸国の域外に派兵されたことを示唆する証拠があり、ソ連軍ウォッチャーは多大な関心を寄せた。一例では、1975年に黒海艦隊所属の第17旅団が、キューバ軍の訓練にあたっていることがアメリカへ亡命したキューバ人からの情報で明らかになった。これは海軍スペツナズにとっては通常の任務で、カスピ海小艦隊所属の第137旅団はアジア、アフリカ、中南米の共産国の軍隊で指導にあたるよう特別に編成されていた。

 このキューバ人亡命者からの報告は物議をかもし、その情報評価をめぐっては、キューバ軍はアメリカ本土へ潜入するために訓練を受けているという憶測まで登場した。キューバにとどまらず、1986年6月に南アフリカ軍特殊部隊がナミベ湾でキューバ貨物船を撃沈し、2隻のソ連船を大破させると、海軍スペツナズはソ連商船の安全航行を確保するという名目でアンゴラへ派遣された。この一件から、国外に派遣されているソ連軍事顧問団のほと

冷戦中、スペツナズ神話の多くはアメリカのプロパガンダによって作られた。この図は米国防総省が発行していた年次レポート『ソ連の軍事力』の1984年版に掲載されたスペツナズの訓練施設の想像図で、襲撃訓練に使われると推測された米軍ミサイルランチャーなどのダミーが描かれている。(アメリカ国防総省)

んどはスペツナズだと思い込まれるようになってしまった。この認識はもちろん誤ったものであったが、たび重なる誤認情報から、この仮説は根強いものになっていった。

また同時期には平服姿のスペツナズ隊員が長距離TIR(国際道路輸送)貨物トラックを運転し、イギリスのグリーンハム・コモンに代表されるアメリカ軍核兵器基地を偵察するために、西ヨーロッパを回っているとの情報が広がった。これも冷戦時代の神話の1つにすぎなかったが、国家保安委員会(KGB)とGRUの諜報員はスペツナズの襲撃を確実なものにするため、米軍核兵器基地

1982年当時の海軍スペツナズ部隊 (海軍独立特殊任務偵察隊)

部　隊	所属	創設年
第17海軍独立特殊任務偵察隊 (omrpSpN)	黒海艦隊	1953年
第561海軍独立特殊任務偵察隊 (omrpSpN)	バルト海艦隊	1954年
第42海軍独立特殊任務偵察隊 (omrpSpN)	太平洋艦隊	1955年
第304海軍独立特殊任務偵察隊 (omrpSpN)	北方艦隊	1957年
第137海軍独立特殊任務偵察隊 (omrpSpN)	カスピ海小艦隊	1969年

1982年当時のソ連軍スペツナズ部隊

部　隊	上級司令部	創設年
第2旅団 (oBrSn)	レニングラード軍管区	1962年
第3旅団 (oBrSn)	ドイツ駐留ソ連軍	1966年
第4旅団 (oBrSn)	バルト軍管区	1962年
第5旅団 (oBrSn)	ベラルーシ軍管区	1962年
第8旅団 (oBrSn)	沿カルパート軍管区	1962年
第9旅団 (oBrSn)	キエフ軍管区	1962年
第10旅団 (oBrSn)	オデッサ軍管区	1962年
第12旅団 (oBrSn)	南コーカサス軍管区	1962年
第14旅団 (oBrSn)	極東軍管区	1963年
第15旅団 (oBrSn)	トルキスタン軍管区	1963年
第16旅団 (oBrSn)	モスクワ軍管区	1963年
第22旅団 (oBrSn)	中央アジア軍管区	1976年
第24旅団 (oBrSn)	ザバイカル軍管区	1977年
第67旅団 (oBrSn)	シベリア軍管区	1984年
第26大隊 (ooSn)	ドイツ駐留ソ連軍	1957年
第27大隊 (ooSn)	北部軍 (ポーランド)	1957年
第36大隊 (ooSn)	沿カルパート軍管区	1957年
第43大隊 (ooSn)	南コーカサス軍管区	1957年
第61大隊 (ooSn)	トルキスタン軍管区	1957年
第670独立中隊 (orSpn)	中央軍 (チェコスロヴァキア)	1981年

を詳細に調査しようと試みたのは事実である。もともとスペツナズは敵の戦略兵器を破壊するために創設された部隊であった。

1970年代後半になると、北方艦隊の第420海軍独立特殊任務偵察隊（omrpSpN、艦隊所属旅団の後身）に与えられた任務は、北大西洋条約機構（NATO）の沿岸水中聴音部隊を攻撃して、大西洋へ出撃しようとするソ連潜水艦を探知するために設置されていた米・英の水中音響監視システム（SOSUS）の無力化だった。海軍独立特殊任務偵察隊の任務はそれだけにとどまらず、北部海域におけるNATOの通信を傍受することも含まれていた。

このような任務と並行して行なわれたのが、非常事態対処である。スペツナズはとくにこのような行動に向けて訓練を受けていたわけでもなく、またこのような任務を望んでいたわけでもなかったが、ソ連の一般部隊とは異なり、スペツナズは弾力的な運用が可能で、規律も厳正で、数時間以内に作戦展開できる即応性を有していた。

このことは1966年にタシュケントで大地震が発生すると、被災地域での略奪防止と治安維持のため、トルキスタン軍管区の第15スペツナズ旅団が出動したことからもわかる。また第15旅団は1970年にアストラハンでコレラが発生すると今度は患者の強制隔離など防疫作業を行ない、翌年にアラルで天然痘が発生するとまた同じ任務についた。

第4章
アフガン侵攻とスペツナズ

アフガン侵攻で先鋒を務める

 スペツナズの実態をさまざまな角度からとらえることができるようになったのは、アフガニスタン紛争の最中であった。ソ連のアフガニスタン侵攻ではスペツナズが先鋒を務め、ハフィーズッラー・アミーン大統領が信頼にたる男ではないとクレムリンが判断すると、スペツナズは彼の排除を支援した。

 本作戦においては特殊部隊—そしてMi-24「ハインド」攻撃ヘリコプター—が極めて有効であることが証明され、ムジャーヒディーン(イスラム教徒の民兵)やソ連軍の手に負えない反乱勢力であってもスペツナズには恐れをなした。

 アフガニスタンを占領していた第40軍の最後の司令官ボリス・グロモフ大将は「ソ連の戦争方針には理論と実践のあいだに大きな隔たりがあった」と述べているが、このギャップを埋めたのが、柔軟性の高いスペツナズであった。

 話を少しさかのぼると、1978年のアフガニスタン人民民主党(PDPA)による政権の奪取は武力をともなった革命であり、西側諸国と同様にソ連もまたこのクーデターが発生したことに驚き

1987年アフガニスタンでパトロール任務中の第56独立突撃・襲撃旅団のスペツナズ。迷彩カバーオール、ベリョースカ（戦闘外被）を着用し、AK-74で武装している。左端の兵士はPRO-Aシュメーリ焼夷弾発射器を背負っている。この兵士が複数の水筒を携行しているのは、同地で清潔・安全な飲料水の入手が困難だったことを示している。（E. Kuvakin）

を隠せなかった。PDPAは社会機構と土地利用の大胆な改革に乗り出したが、望ましい結果を得ることはできず、民衆はすぐに反発に転じた。影響力が低下したPDPAの内部では権力争いが泥沼化し、謀略や陰謀の結果、ヌール・ムハンマド・タラキーは大統領の座を追われて、ライバルであったハフィーズッラー・アミーンの手によって暗殺された。

政権の座についたアミーンは反乱勢力の弾圧に乗り出したが、不穏な動きは地方から都市へ飛び火してとどまることを知らず、陸軍内部においても動揺が生じた。アミーンはソ連に軍事介入を懇願したが、その一方でソ連から提案された融和的な政策の実行は一顧だにしなかった。アミーンがソ連の代わりにアメリカから

支援を求めているという怪しい情報が飛び交うようになると、モスクワはアミーンの排除に動き、事態は沈静化へと向かった。

ムスリム（イスラム教徒）大隊の創設

スペツナズは対アフガニスタン政策の先頭に立つことになった。1979年5月、ヴァシリー・カリェスニク大佐がタシュケントへ派遣され、スペツナズの特別大隊の編成にあたった。この大隊の隊員はスペツナズでの在籍期間が少なくとも1年あるタジキスタン、トルクメニスタン、ウズベキスタン国籍の兵士とされた。

このムスリム大隊が編成された理由は、アフガニスタン人と偽ることができる兵士が必要であったからだ。6月には部隊の編成は完了し、チルチクで特殊戦訓練が始まった。兵士は自らに課せられた任務を知ることはなかったが、重要任務につくことは察知した。燃料や弾薬の消費量を気にする必要はないと言われたからだ。ソ連軍でもこれは格別の処遇だった。ソ連経済はすでに悪化の底なし沼におちいっており、その影響は軍隊にも及んでいた。

大隊は550人の兵力で編成され、大隊にはBMP-1歩兵戦闘車を運用する機械化中隊も含まれた（スペツナズが通常使用する車両ではなかったので、大隊は陸軍からこれらの車両を運用する兵士の配属を受け運用を行なった）。2両のBMP-1以外にも、より軽量なBTR-60PB装甲兵員輸送車、ZSU-23-4自走高射機関砲やその他の大型火器も大隊の装備となった。

カリェスニク大佐は、以前に彼のもとで勤務したハビドジャン・ハルバエフを大隊長とし、1979年11月に大隊は密かに空路でアフガニスタンに侵入した。参謀本部情報総局（GRU）からはオレグ・シュヴェツ中佐が連絡将校として同行した。12月20日まで

1988年、アフガニスタンのトールハム村近くで戦闘直後のスペツナズチーム。部隊が多民族の兵士で構成されているのがわかる。中央の兵士は空挺軍の青と白が縞になったシャツを着ており、右側の兵士はごく初期型のレーザー測距儀を首から提げている。(RIA Novosti)

に大隊のすべてが首都カーブルに入り、大統領府であるタジベク宮殿の周辺で追加の警戒線を構築せよとの命令を受けた。

12月24日になると今度は宮殿の守備ではなく、宮殿の敷地に侵入せよとの命令に変わった。さらに「カスカード」と「ゼニト」と呼ばれた特殊チームを宮殿内に突入させ、アフガニスタン人を誰ひとり生かしたまま宮殿から外へは出すなと命令された。

「カスカード」と「ゼニト」は、それぞれ約35人の隊員で編成されていた。2つのチームは国家保安委員会(KGB)のグリゴリー・バヤリニフ大佐のもとで編成され、任務はハフィーズッラー・アミーン大統領の暗殺だった。

12月27日、アミーンからの支援要請に応えるように見せかけながら、ソ連の特殊部隊チームは空路でアフガニスタンに入り、

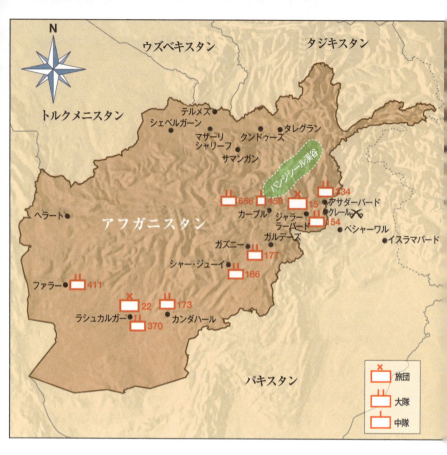

　「嵐333作戦」は発動された。ソ連軍の手により、アミーンに忠誠を誓うアフガニスタン軍の行動はすでに限定されたものになっていたが、大統領親衛隊はまだ抵抗しうる状態にあり、2つのチームはこれを無力化しなければならなかった。

　作戦が開始されると、大統領親衛隊が戦闘配置につくことを妨害するため、大隊の隊員はZSU-23-4自走高射機関砲の23mm砲で宮殿内を威嚇射撃し、機械化中隊は「カスカード」と「ゼニト」が目標に向かえるよう支援の配置についた。大隊は命令に従い、

アフガニスタンのスペツナズ（1980年代初頭）

部　　　隊	駐留地	配属上級部隊
第40軍		
第459独立特殊任務中隊（orSn）	カーブル	第15旅団
第15旅団		
司令部	ジャラーラーバード	第15旅団
第154独立特殊任務大隊（ooSn）	ジャラーラーバード	第15旅団
第334独立特殊任務大隊（ooSn）	アサダーバード	第5旅団
第177独立特殊任務大隊（ooSn）	ガズニー	第15・第22旅団
第668独立特殊任務大隊（ooSn）	カーブル（バグラム）	第15旅団
第22旅団		
司令部	ラシュカルガー	第22旅団
第173独立特殊任務大隊（ooSn）	カンダハール	第12旅団
第411独立特殊任務大隊（ooSn）	ファラー	第22旅団
第186独立特殊任務大隊（ooSn）	シャー・ジューイ	第8旅団
第370独立特殊任務大隊（ooSn）	ラシュカルガー	第16旅団

　（注）配属上級部隊：部隊を一時的に組織に配置することで、A部隊にB部隊を配属した場合、Aは配属上級部隊、Bを配属部隊という。

大統領親衛隊の逃亡阻止に実力を発揮した。グリゴリー・バヤニリフ大佐が戦闘指揮中に身体を外にさらした際に、自軍の砲弾に倒れたが、20分以内に宮殿は制圧され、大隊の戦死者は5人だけであった。任務完了後の1980年1月上旬、ムスリム大隊はチルチクに空路で帰還し、第15スペツナズ旅団隷下の第154独立特殊任務大隊（ooSn）となった。

　ムスリム大隊がアフガニスタンをあとにしたことからもわかるように、この派兵はアミーンに代えて穏健派でソ連に対して従順

スペツナズが多数のムジャーヒディーンを捕らえ、一般部隊に引き渡すまで拘束している。スペツナズは捕虜の獲得のためだけに出動することもあった。捕虜はKGBやアフガニスタン版のKGBであるKhADの要員により（ときには拷問をともなう）尋問を受けた。(E. Kuvakin)

なバブラク・カールマルを政権の座につけるため、そして軍事力を誇示することで反乱勢力を威圧するためだけの短期派兵であると考えられていた。しかしソ連軍の早期撤収が可能という見方は希望的観測にすぎないということがやがて明らかになっていく。

続くアフガン派兵

やがてソ連軍の現地指揮官は、戦場を知り尽くし、地元住民の多くから支持され、高い戦意と戦闘能力を持ち、迅速に行動できる敵に対してはスペツナズが最も有効な対抗手段であると認識するようになっていった。

1980年10月からスペツナズは、暫定アフガニスタン駐留ソ連派遣軍（OKSVA）に編入され、第154独立特殊任務大隊（ooSn）は反乱勢力が支配していたパンジシール渓谷への人や物の出入りを監視するようになった。翌81年には、第177・334・668独立特殊任務大隊など第15スペツナズ旅団隷下部隊のほとんどがOKSVAに編入され、ほかのスペツナズ旅団からも部隊がOKSVAに送られた。

アフガニスタンで最初に命ぜられたのは戦略要地の守備であったため、スペツナズの特性を活かすことはできなかったが、1983年になると即応攻撃部隊としての能力を発揮するようになり、ムジャーヒディーンの補給キャラバンを待ち伏せ攻撃するだけでなく、反乱勢力による待ち伏せ攻撃や襲撃に対処するようになった。

さらにソ連は偵察部隊の必要性を認識するようになり、1979年から80年にかけてはアフガニスタン駐留ソ連軍のうちわずか5パーセントにすぎなかった偵察部隊の兵員数が、紛争の後半になると20パーセントにまで増加した。

紛争当初、スペツナズの高いプライドは傲慢さを生み、その代

償は高いものについた。OKSVAでは実働部隊が不足していたため、スペツナズは軽歩兵として前線に送られたものの、戦場に到着したスペツナズは航空支援を要請したがらず、部隊の損害につながった。さらにスペツナズは一般の陸上部隊の兵士が付けている徽章に赤い生地が用いられていたことから、彼らを「ムハモールィ（ベニテングタケ）」や「赤ずきんちゃん」などと呼んで見下した。しかしこのような歪んだエリート意識は時間と戦況の経過とともに薄れていき、スペツナズはほかの部隊とも密接に協力して作戦の遂行にあたるようになっていった。ゲリラ戦という消耗戦を継続していくには、部隊間の協調はなくてはならないものだった。

スペツナズの戦い

　スペツナズの主要任務は偵察、待ち伏せ攻撃、襲撃を受けた際の対処だった。襲撃に備える任務は通常10日のサイクルで実施された。5日間は15分以内に（通常はヘリコプターに搭乗して）出動できる即応態勢につき、次の5日間は休養にあてられた。

　待ち伏せ攻撃も手慣れたものになっていき、反乱勢力の移動、あるいは重要物資を運搬する補給キャラバンの通過を待って、1週間にもわたって潜伏した。待ち伏せ攻撃が開始されると、スペツナズは敵に大きな火力を浴びせ、航空支援や砲撃、あるいはその両方を要請した。このような戦闘を行なうため、スペツナズは前方に展開する野砲や航空管制官と密接に連携をとるようになっていた。また参謀本部情報総局（GRU）の情報将校とKGBのアフガニスタン版KhAD（のちにWADとなる）とも協調して作戦の遂行にあたった。

アフガニスタン紛争時のソ連兵

❶1979年にカーブルでの「嵐333号」作戦の「ムスリム大隊」隊員
この部隊の隊員はアフガニスタン人として通用する容姿を条件に選抜された。部隊は12月27日のタジベク大統領宮殿の襲撃で、アミーン大統領を暗殺したKGBチームに攻撃ルートを啓開した。イラストの兵士はアフガニスタン陸軍将校の制服を着用しているものの、制服に襟章はない。赤と黄色の帽章はアフガニスタン民主共和国(DRA)軍の初期のものである。衛兵をPB消音拳銃で殺害しようとする場面で、このあとの本格的な攻撃で使用するAKSMアサルトライフルを肩にかけている。長い拳銃をマカロフのホルスターに入れるため、ホルスターは先端を切断し改造されている。

❷1985年にパンジシール渓谷で作戦中の第411独立特殊任務大隊所属のスペツナズ兵士
「パンジシールの獅子」として知られていたアフマド・シャー・マスードが率いる反乱勢力はDRA政権にとって最も手ごわい敵のひとつであり、彼が率いる武装勢力を掃討するため、ソ連軍とDRA軍は何度も攻撃を繰り返した。この第411独立特殊任務大隊(ooSn)隊員はパンジシールの重要軍事拠点であるペシグルを奪還するため1985年7月に行なわれた「パンジシールIX」作戦に参加している。肩に載せているPRO-A シュメーリ・サーモバリック爆薬弾ロケットは堅固な掩蔽壕を破壊するために多用された新型兵器である。イラストの兵士はKLMK迷彩オーバースーツを着用し、自衛用のAKS-74Uアサルトカービンを肩にかけている。弾薬を再装塡する時間を短縮するため、粘着テープで複数のマガジンを束ねる方法はアフガニスタンでは多く見られた。

❸第173独立特殊任務大隊の軍曹(1987年、カンダハール州)
アフガニスタンでの駐留の後半でスペツナズはスティンガー狩りをパキスタンとの国境で行ない、アメリカが供与する携帯地対空ミサイルを補給する武装勢力を掃討しようとした。イラストは第22旅団隷下の第173独立特殊任務大隊(ooSn)所属の下士官で、敵が待ち伏せしているかもしれない地点を確認しようと部下に注意をうながしている。彼はテルニャシュカ(シャツ)の上に「アフガンカ」戦闘服を着用し、弾薬(弾倉)、武器などを収納・携行する戦闘装具(リグ)を装着している。AK-74にはGP-25グレネードランチャーが取り付けられ、NR-2サバイバルナイフとRGD-5手榴弾も身に着けている。手榴弾は敵に対して用いられるだけでなく、兵士自身がムジャーヒディーンに生きたまま捕らえられることを防ぐためにも使われた。このパトロール隊は作戦地域へヘリコプターによって送り込まれ、ヘリコプターによって離脱する。そのため、食糧や水、弾薬などほかのパトロール隊であれば自身が運ばなければならない重量物を携行することから解放されている。スペツナズはほかのソ連部隊よりも装備品の選択や戦闘準備の自由裁量が大きかったので、この軍曹はスニーカーを履いている。アフガニスタンの山地での行動には陸軍が支給する半長靴がずっと快適であったからだ。

❹アフガニスタン武勇勲章
紛争の当初、ソ連はアフガニスタンへの侵略を否定していた。このため、戦闘に参加した将兵の叙勲は限定されたものだった。しかしこの傾向はのちに改められ、将兵にはソ連の勲章だけでなく、アフガニスタン民主共和国(DRA)の勲章も贈られるようになった。そのひとつが武勇勲章であり、戦場で稀にみる勇敢さを発揮した者に授与された。

1984年から86年にかけて、アフガニスタンにいたスペツナズは大きな転機を迎えた。第40軍として知られるアフガニスタン駐留ソ連軍の組織が改編され、書類上は第15独立特殊任務（スペツナズ）旅団（oBrSn）と第22独立特殊任務旅団が廃止になったからだ。しかしこれらの旅団はすでに形式だけのものになっており、実態はさまざまな部隊から選抜された兵士の集まりだった。それだけでなく、カーブルには第459独立特殊任務中隊（orSn）が駐留するようになり、第40軍に直属して警戒ならびに戦略予備兵力としての任務にあたることになった。この中隊は通常の中隊よりもかなり大型なもので、「ラズヴェーチキ」と呼ばれる4個作戦部隊を隷下においていたが、この作戦部隊が本来の中隊規模であった。

　これらの作戦部隊は必要に応じて当初はアフガニスタン国内のさまざまな地域で任務を遂行したが、1985年からアフガニスタンに派遣されていたスペツナズの増強が始まると、カーブルとこの都市に隣接する州に駐留するようになった。この中隊の隊員は優秀で、のちに中隊に所属していた800人もの将兵が勲章を授与されている。

　アフガニスタンに駐留する一般的な独立特殊任務大隊（ooSn）は583人の下士官兵と32人の准尉、そして48人の将校で構成されていた。機械化編成が完結し派兵されたときは33両のBTR-70もしくはBTR-80装甲兵員輸送車と13両のBMP歩兵戦闘車、4両のZSU-23-4自走高射機関砲（火力支援に用いられた）、BRDM装甲偵察車が配備されていた。

　独立特殊任務大隊内の1個中隊は98人の将兵で編成され、一般的な小火器と機関銃のほか、6基のRPG対戦車榴弾発射器、3基

のRPO焼夷ロケット弾発射器を隊員は携行した。また戦場において中隊は1チームあたり16人の6チームに分かれ、中隊には2人の指揮官がいた。

　スペツナズが空から戦場へ機動する際は、配備されている車両は独立した「機甲グループ」として火力支援に従事した。1987年に第22旅団はMi-8「ヒップ」攻撃輸送ヘリコプターとMi-24「ハインド」戦闘ヘリコプターを運用する第295独立戦闘ヘリコプター連隊を隷属させることになり、ここでスペツナズは初めて部隊固有の航空兵力を手にした。

スティンガー・ミサイル狩り

　スペツナズの一部はムジャーヒディーンと彼らの補給キャラバンをターゲットにハンターとしての腕を上げ、作戦地域の人々や地理についても地元民と同様、細部にわたる知識を蓄積していった。ムスリム大隊（のちの第154独立特殊任務大隊）の大隊長であったウズベク人のハーミド・ハルバエフはアフガニスタンの諸事情に精通するようになり、英雄となった。ナイフと拳銃だけを手に夜な夜なアフガニスタン人に紛れ込み、反乱勢力のあとを追うなど、その武勇伝は枚挙にいとまがない。大袈裟に語られているだけなのかもしれないが、この逸話が正確であれば、ハルバエフは24人もの敵を単独行で殺害したことになる。

　戦場にアメリカ製のスティンガー携帯式対空ミサイルが出現したことで状況は一変した。ムジャーヒディーンはヘリコプターを含む低空を飛行するソ連軍航空機を攻撃する能力を大幅に向上させ、そのためソ連軍の行動は制約を受けた。一部ではスティンガーがムジャーヒディーンに勝利をもたらしたように言われるが、

実際はそこまで有効な武器ではなかった。しかし、いずれにしても、ソ連軍はいままでの流儀をあらためざるを得なかった。

ソ連軍機はスティンガーに対抗する兵器を搭載し、また高高度を飛ぶようになった。スペツナズもスティンガーを新たな目標とし、スティンガー狩りを好むようになった。キャラバン狩りの名手となっていた第334独立特殊任務大隊（ooSn）のセルゲイ・ブレスラフスキー大尉はスティンガーをソ連軍で初めて奪取・鹵獲したことからソ連邦英雄の称号を授与されている。

スペツナズの精強さの秘密

スペツナズの強さの根源は、隊員の選抜方法と訓練、そして高い士気にある。これによりスペツナズはソ連軍のほかの部隊と比べ、高度の独立性を維持しながら行動していた（ソ連軍では通常、自主性は忌避されていた）。ときにこの独自性は命令なしの戦闘につながる場合もあった。

1986年のパキスタンとの国境の町、クレール襲撃（44ページの地図参照）もその一例である。スペツナズは、大きな勢力を有し、守備も堅固なゲリラ兵基地を報復攻撃したのである。

クレールは反乱勢力の前線基地となっており、ソ連・アフガニスタン軍にとっては目障りな存在であった。1985年2月に第15スペツナズ旅団所属の中隊が全滅に近い損害をこうむったのち、旅団長であるボリス・バブシュキン中佐は、第40軍から直接指示がないかぎり、パキスタンとの国境から5キロ以内で行動してはならないという命令に苛立ちを覚えるとともに、報復の怨念を抑えきれなかった。

1986年1月、第334独立特殊任務大隊（ooSn）による襲撃で、

ヴァルダク州で作戦中の第56独立突撃・襲撃旅団所属のスペツナズ兵が、地元住民を尋問している。左の兵士はスニーカーを履き、右の迷彩服姿の兵士はAKS-47を背負っている。AKS-47はAK-74よりストッピングパワー（破壊力）が大きかったので、AK-74に代わって使用されることがあった。(E. Kuvakin)

敵基地への険しい経路が判明しただけでなく、捕虜の獲得にも成功した。捕虜の1人が尋問に答えるようになり（ソ連軍の隠語では口を割った捕虜を「舌」と呼ぶ）、基地の守備についても明らかにするようになった。十分な情報を得たバブシュキン中佐は敵基地への攻撃は可能であると判断した。それまでは第40軍の許可のもとクレール周辺の情報収集のみを行なっていたが、バブシュキン中佐は一任されていた権限を行使して、この冬最後の大吹雪のあとの3月に総力を挙げて襲撃する計画を立案した。

バブシュキン中佐の計画では、第334独立特殊任務大隊と第154

アフガニスタンでは数多くの特殊部隊が戦闘に参加した。これらの部隊にはKGBの国境警備隊も含まれる。写真は「嵐333号」作戦で活躍したカスカード隊所属のKGB将校イーゴリ・モロゾフ（左）で、BTR-60装甲兵員輸送車の上に腰かけている。1982年にファイザーバードで撮影された動画の一場面である。ラフな服装だがAK-74を提げている。モロゾフは現地部隊を指揮・統制するとともに、部下たちの士気を鼓舞した。（Youtube/ Ofitsersky Romans）

独立特殊任務大隊が、アフガニスタン版KGBであるKhADの警備部隊ならびにジャラーラーバード駐留の第66独立自動車化歩兵旅団所属の砲兵の支援を受けて、ムジャーヒディーンの陣地を見下ろす尾根を奪取し、そこからムジャーヒディーンに砲火を浴びせることになっていた。

しかし、ソ連軍につきものの計画と実行の乖離はここでも見られた。出撃できるスペツナズ隊員は肝炎の蔓延で限られた兵力になったうえ、第334独立特殊任務大隊の一部は道に迷い、配置につくのが遅れた。さらにクレールの首領のアサドゥッラーはパキスタンに逃れ、パキスタンのムジャーヒディーンを動員して援軍を組織した。

その結果、スペツナズはクレールを占領したものの、ムジャー

ヒディーンの反撃により、クレールに閉じ込められてしまった。やがてバブシュキン中佐は航空支援と負傷者後送のため、ヘリコプターの要請をしなければならなくなり、自らが行なった作戦の代償を上級司令部に対して認めざるを得なくなった。攻撃ヘリコプターは戦場に到着したものの、交戦規定から近接航空支援のための発砲は許されず、反乱勢力を威圧するために上空を飛行するのみだった。

ところがヘリコプターのパイロットにも反抗的な者がいただけでなく、パイロットとスペツナズの密接なつながりがここで別の結果を生むことになった。命令により近接航空支援の要請を一度は断り、この無線交信がフライトレコーダーに記録されたことを確認すると、パイロットはフライトレコーダーのスイッチを切って機関砲とロケット弾で反乱勢力を攻撃し始めたのだ。こうしてヘリコプターのパイロットはスペツナズの退却を援護した。同時に第66旅団の特殊ヘリボーン大隊も戦闘地域に降着し、スペツナズの退却を支援するとともに、負傷者を搬送した。

作戦はかろうじて成功したが、決して割に合うものではなかった。一度はクレールを手中に収めることができたものの、反乱勢力に奪い返されてしまい、スペツナズ側の戦死者は50人にのぼり、バブシュキン中佐はのちに罷免された。

戦果は乏しかったものの、第15旅団の帰還兵たちはクレールの戦闘で誇りと自信を手にした。スペツナズは装甲車両に頼るソ連陸軍の大多数の部隊とは異なり、敵の本拠地で戦闘することが可能であることを証明したからだ。それだけではなく、スペツナズは自らに挑戦する者に対しては、命令に背いてでも、反撃する意思を持っていることを明らかにした。隊員の1人は次のように述

1989年にソ連軍部隊はアフガニスタンから撤退した。写真はアムダリヤ川にかかる「友好の橋」を渡り、ソ連領内(ウズベキスタンのテルメズ)へ帰還する部隊。この当時、上級司令部ではアフガニスタンのような非対称の戦争への対応方針が定まっておらず、スペツナズはアフガニスタンでの教訓をどう活かすか課題をかかえることになった。(RIA Novosti)

懐している。

「将軍たちはわれわれに対する不満をたびたび口にしていましたが、われわれは命令を待つだけのゲームの『駒』ではありません。将軍たちは、戦闘が発生したとき、われわれに匹敵する部隊がいないことも知っていました」

アフガニスタンからの撤退

1988年のジュネーブ合意を受け、1988年5月15日から89年2月15日までにソ連は段階的にアフガニスタンから撤兵しなければならなくなった。作戦もやがて小規模な行動へと収束し、1989年2月までカーブルに駐留した第177・668独立特殊任務大隊(ooSn)

を除いた、スペツナズの多くは1988年5月と8月にアフガニスタンをあとにした。

9年2カ月に及んだ戦争でスペツナズは750人以上の戦死者と行方不明者（軍事顧問として独立した行動をとっていた将校を含む）を出したが、7人以上がソ連邦英雄として叙勲されている。うち4人は死去後に叙勲された。

ヴァシリー・キレスニク大佐（1980年）

ニコライ・クズネツォフ少尉（1985年、戦死後叙勲）

ヴァレリー・アルショーノフ兵（1986年、戦死後叙勲）

ユーリイ・ミラリュボフ兵（1988年）

オレグ・アニシューク中尉（1988年、戦死後叙勲）

ユーリイ・イスラモフ伍長（1988年、戦死後叙勲）

ヤロスラフ・ゴロシュコ大尉（1988年）

アフガニスタンからは撤退したものの、スペツナズは単に敵中奥深くへ潜入する偵察・破壊工作部隊であるだけでなく、多種多様な任務を遂行し、即応性を保持して、敵に強烈な一撃を与えることのできる部隊へと成長を遂げた。スペツナズは反乱鎮圧、伏撃、即応対処、隠密作戦を行なう能力があることを証明したのである。

政府要人の警護と国内警備

1980年代、参謀総長ニコライ・オガルコフ陸軍元帥のような軍事思想家は、スペツナズが西側諸国の特殊部隊に与えられる任務と同様に、より多くの任務を遂行できるのではないかと考えるようになった。だが、各軍の勢力争いは熾烈で、オガルコフ元帥は

今後想定される北大西洋条約機構（NATO）との戦いでスペツナズがパワーバランスの役割を果たすのではないかという自分の意見を明確に表明することができなかった。

一方、アフガニスタンからの撤退は冷戦を終結に向かわせる一助となり、さらにミハイル・ゴルバチョフがソ連の大統領となってペレストロイカ改革運動が始まると、この動きは加速した。1988年になると第14旅団のスペツナズがアラスカでアメリカ軍と合同演習を行なうまでに米・ソの雪解けは進んだ。

しかし同時にソ連は崩壊の危機に瀕し、ゴルバチョフの改革運動はソ連の弱体化を加速させた。この情勢の変化を受けて、スペツナズも自ら望んだわけではなかったが、本国で新しい任務が課せられるようになった。それは政府要人の警護で、要人が外国へ渡航する際には、「ボディーガード局」と呼ばれた国家保安委員会（KGB）の第9総局の警護チームに力を貸すようになった。だが、この警護任務は非常時の国内警備兵力としての任務とは比べようもなく軽いものだった。

国内警備兵力としての行動の一例を挙げれば、1989年4月にアフガニスタンから帰還したばかりの第173独立特殊任務大隊（ooSn）はのちにジョージアと改称されるグルジアの首都トビリシに送られ、武力をもって抗議運動参加者を排除した。この鎮圧の犠牲者は19人を数えた。

また別のスペツナズ部隊は、アルメニアとアゼルバイジャン双方が領有を主張するナゴルノ・カラバフでアルメニア人とアゼルバイジャン人武装勢力を引き離すために投入された。1990年1月にアゼルバイジャン・ソビエト社会主義共和国での民族主義者の抗議運動がアルメニア人の虐殺へと激化すると、第22旅団のスペ

1990年にアゼルバイジャン・ソビエト社会主義共和国の首都バクーに展開する陸軍と内務省軍スペツナズ。バクーでは反アルメニア人抗議運動が大規模に起こり、殺戮も数多く発生する事態になった。鎮圧では多くの流血を見たため、アゼルバイジャンはソ連からの独立を模索するようになる。

ツナズは現地警察、陸軍、内務省軍に加わり「暗黒の１月」と呼ばれる首都バクーでの抗議運動参加者襲撃に加担した。

　1990年も後半になると、スペツナズは過大な任務から疲弊し、同時にスペツナズに対する目も冷めたものになっていった。このことによるのだろうか、1991年に起きたソ連８月クーデターでスペツナズはゴルバチョフから一時的に権力を奪った国家非常事態委員会の側につくことはなかった。国家非常事態委員会の施策はソ連の崩壊を防ぐことができなかったのみならず、ソ連の弱体化を決定的なものとした。

第5章
ソ連崩壊後のスペツナズ

戦闘教義の変更、予算の削減

　1991年末に起きたソ連の崩壊はユーラシアにおける混乱の始まりでもあった。国家存亡の危機が続き、任務が不明確になったロシア連邦軍の予算は大幅に削減された。このような状況に置かれても、スペツナズはロシアと引き続き友好関係を維持しようとする旧ソ連諸国で内戦が始まったときは、最前線で親ロシア政府側に立った。

　独立が決まった旧ソ連諸国に帰属となったスペツナズもあった。第10旅団はウクライナへ、第15旅団はウズベキスタンの部隊となった。その一方でドイツ駐留ソ連軍の一部であった第3旅団は、1991年にロシア本国に帰還し、ヴォルガ軍管区へ配属されたが、独立国家となったバルト三国に駐留していた第4旅団は解隊された。

　またこの時期には新たに創設された部隊もある。1992年に空挺軍（VDV）において、第901独立航空強襲大隊と第218独立航空強襲スペツナズ大隊を母体にして創設された第45独立親衛偵察連隊がそれである。

1990年代に入ると、ほかのロシア軍部隊と同様に、ロシアに帰属したスペツナズもかつての存在感を失い、戦闘教義の変更や人員・装備・予算の削減に苦しめられた。西側諸国との大規模衝突の可能性は突如として消え去り、もともと西側諸国の戦術核兵器を無力化し、指揮系統を混乱させるというスペツナズ固有の存在意義は消失した。

　アフガニスタンにおいてスペツナズはその高い能力を顕示したものの、ロシア軍上層部はぶざまな結末に終わったこの紛争を記憶から拭い去り、もう二度とこのような戦いに巻き込まれることがないよう祈った。

　大規模な師団ではなく、柔軟・軽快に行動できる旅団を活用し、各部隊にスナイパーを増員するなど、第40軍が考案した新たな施策は、その場限りのものと見なされ、今後の指針にはならないと軽視された。そして従来の役割を失ったスペツナズは、アフガニスタンでの戦訓から生み出した任務も放棄しなければならなかった。

タジキスタン内戦への派遣

　ボリス・エリツィンが大統領の座にあった1991年から99年にかけてロシア国内は混乱を極め、予算を削減された軍は前例のない財政問題に直面した。仮に支払われたとしても給与は遅配し、旧ソ連辺境部に駐屯していた部隊は撤退を余儀なくされ、新たな駐屯地への移動も困難を極めた。

　スペツナズ部隊の維持費は高く、また特別扱いを受けていたので、弱体化したロシア軍の中にあって、ねたまれる存在となってしまった。参謀本部情報総局（GRU）は限られた予算を海外諜報

活動の維持に優先的に使おうとし、また将兵たちにとっては、より大規模な空挺軍（VDV）のほうがスペツナズよりも昇進のチャンスがあるという見方も広がった。1992年から96年に国防相の座にあったパーヴェル・グラチョフは元VDV司令官で、彼の古くからの戦友が数多く要職に取り立てられたからだ。有能なスペツナズ将校は競ってVDVへの異動を希望し、スペツナズの部隊への忠誠心は大きく低下した。

当時のロシア軍全体に言えることだが、部隊の士気は低下し、犯罪が蔓延していた。一例を挙げると、モスクワ駐屯の第16旅団は「副業」として、対立抗争を繰り返す地下組織に暗殺者を送り込んだり、犯罪組織のヒットマンを旅団内の施設で養成しているという悪い噂が流れた。

また、この時期は旧ソ連で多くの危機や紛争が発生した時期でもあった。突如始まる地方での過酷な紛争は、モスクワの統治を不確実なものにし、多くのスペツナズ部隊も混乱の極みにあったため、行動が可能な少数のスペツナズ部隊に過度の要求が寄せられた。

1992年から97年のタジキスタン内戦に、スペツナズは第201自動車化歩兵師団とともに派遣され、反乱勢力と戦火を交える政府軍を支援した。このとき派遣されたスペツナズの一部は形のうえでは隣国のウズベキスタンに帰属していた第15旅団とともに行動した。形のうえというのは、第15旅団はウズベキスタンの部隊でありながらも、実態はいまだロシア人将兵によって構成された部隊であったからだ。

自らを独立国と称する沿ドニエストル・モルドバ共和国の国防相アレクサンドル・ルキヤネンコ将軍が首都のティラスポリでの軍事パレードで答礼する（2012年）。1992年にモルドバからの独立を宣言したこの小国の軍隊は、国家の規模とは不釣り合いなほど大所帯であるが、モルドバからの独立を真に保障しているのは、のちに駐モルドバロシア作戦群と改称されたロシア第14軍である。（Donor）

外国軍の情報収集疑惑

　スペツナズは1992年のドニエストル戦争でも能力の一端をうかがわせた。この戦争はドニエストル川東岸に住むロシア系住民が独立を成し遂げたモルドバ共和国からの離脱を表明することで始まった。モスクワはロシア系住民がいだく多数派ルーマニア系国民にやがて強制的に同化させられてしまうのではないかという不安を意図的にあおり、スペツナズは親ロシア系反乱勢力を支援した。休戦協定が交わされ、現地に駐留するロシア第14軍がこれを保障すると、少数の偵察要員を残してスペツナズは静かに現地を離れた。

　ロシアはボスニア・ヘルツェゴビナの和平を実現するために、デイトン合意にもとづいて1995年から96年に北太平洋条約機構

ロシア軍はボスニアでデイトン合意（ボスニア・ヘルツェゴビナ和平協定／1995年11月締結）に基づき組織された和平履行部隊（IFOR）の一部を構成した。1996年に撮影された写真（1996年にIFORはNATOを中心とした平和安定化部隊／SFORに移行した）。完全武装のロシア軍平和維持部隊の兵士たちはBTR-80装甲兵員輸送車に乗車して停戦監視を行なった。

（NATO）が主導した和平履行部隊（IFOR）に旅団規模の兵力を送った。派遣された第1独立空挺旅団はウグレヴィックに駐留し、アメリカが主導した多国籍師団（北部）に属した。

　この指揮形態はモスクワと西側の新たな協調として好意的に迎えられたが、その一方でロシアのラズヴェーチク（偵察部隊）隊員はスペツナズではないかとの憶測が取りざたされ、旅団は多国籍師団に要請された現地の監視だけではなく、西側と紛争当事者諸国軍の情報収集にあたっているとの疑惑が持たれた。

　スペツナズが外国軍の情報を収集していたかどうかは確認できないが、空挺軍（VDV）隷下の第45独立偵察連隊と第22独立空挺

連隊から一部の部隊がIFOR派遣ロシア軍に編合されていたのは事実である（のちにスペツナズはIFOR派遣ロシア軍から多くの将兵を募った）。

やがてドニエストル戦争やIFORでの任務は単なる余興にすぎなかったことが明らかになる。ソ連崩壊後にスペツナズが行なった主要作戦はチェチェンであったからだ。

新たな戦い

1990年代半ば、民族的にもロシアとは異なり、イスラム教徒が伝統的に多いチェチェン共和国の民衆は「口にできるかぎりの自由を頬張りなさい」というエリツィン大統領の言葉を額面通りに受け取った。このコーカサスに位置するチェチェン共和国は長年のロシア統治に辟易していたからだ。

この自由化の流れは一度の流血事件にとどまらず、二度にわたる紛争をもたらした。

ソ連時代のアフガニスタンがそうであったように、チェチェンでの戦争はロシア軍の特殊部隊が発展するうえで、結果的に大きな転機となった。特殊部隊の任務は、反乱勢力の指導者を倒すことから補給コンボイの鹵獲まで広範囲に及び、またかつての戦友であった元ソ連スペツナズ隊員を敵に回すことすらあった（手の内を読まれたスペツナズは何度か手痛い敗北を喫した）。

第1次チェチェン紛争（1994〜96年）

ロシアの介入では、その構想、作戦、行動のすべてに問題があった。反乱勢力とチェチェン人傭兵を使って、チェチェン大統領ジョハル・ドゥダエフを権力の座から引きずり降ろす試みに失敗

すると、ロシア軍は一方的にロシア連邦からの離脱を宣言したチェチェン・イチケリア共和国に侵攻した。

グラチョフ国防相はエリツィン大統領に短期間で勝利することができると安請け合いをしたものの、派遣された兵力は十分ではなく、また戦闘への対応力も低かったため、戦闘能力が高く精強なチェチェン兵を威圧・制圧することができなかった。

ロシアの上級司令部が劣勢を挽回するために集めたのは名実ともに作戦に耐えうる兵力であり、この兵力のなかには海軍歩兵から内務省のOMON警察機動隊まで多様な部隊が含まれていた。スペツナズも本国からさまざまな部隊がチェチェンに送られ、海軍スペツナズまでもが動員された。

1995年3月、太平洋艦隊所属第42海軍独立特殊任務偵察隊（海軍スペツナズ）所属のアンドレイ・ドニプロフスキー准尉がスナイパーの銃弾に斃（たお）れ戦死したのち、ロシア連邦英雄として賞恤（しょうじゅつ）（功績を褒めたたえる）されたことからも海軍スペツナズの参戦は明らかだ。

開戦当初のスペツナズの任務は本来の「戦場偵察」であったが、1995年にロシア軍がチェチェンの首都グロズヌイを攻撃した際には、スペツナズの小隊が突撃部隊となった。スペツナズの技術は高かったものの、市街戦はまるで兵士をミンチにするかのように情け容赦ないもので、防御する側に技術と準備時間があるときはさらに残忍さが増した。

伝説化したチェチェン人の屈強さと好戦的な気性はソ連時代にスペツナズと空挺軍（VDV）に多くのチェチェン人がいたことからもうかがえる。そしてチェチェンにいる元スペツナズ・VDV隊員はロシア軍の手の内を読むことができ、この結果、ロシアのス

ペツナズは大きな損害をこうむった。一例を挙げれば、モスクワから派遣されたスペツナズ小隊はブービートラップ（囮の罠）が仕掛けられた建物内におびき寄せられ、1個小隊が爆発物により全滅した。

　将兵の受けた衝撃と怒りから、慎重さを欠いた命令が再び発出されるのであれば、それは憂慮すべき事態を招くという脅しが伝わるに及んで、ロシア軍指揮官はスペツナズを市街戦に投入することの無意味さに遅まきながらも気がついた。

　参謀本部情報総局（GRU）所属のスペツナズ部隊のほとんどと空挺軍（VDV）隷下の第45連隊は1995年半ばまでに撤退したが、チェチェン駐留の主要部隊として現地に残留した第22旅団は、1996年になってようやくアフガニスタンで学んだ戦訓を実践できるようになった。待ち伏せ攻撃、ヒューミント（人的インテリジェンス）や反乱勢力の装備分析から明らかになったハイ・バリュー・ターゲット（高価値目標）の攻撃、敵の補給線遮断など、第22旅団はスペツナズ本来の任務に再び専念した。

　モスクワは第1次チェチェン紛争で高い代償を払うことになり、また受けた恥辱も大きかった。1996年3月にグロズヌイは再びチェチェン人武装勢力の手に落ち、8月になるとロシア連邦軍は戦略爆撃機やミサイルの使用も辞さずという威嚇とともに、グロズヌイ再攻略の準備に入った。

　だが、アフガニスタンで指揮経験を持つ国家安全保障担当補佐官アレクサンドル・レベジが、チェチェン独立派のアスラン・マスハドフとの停戦合意をまとめた。そして1996年8月のハサヴユルト協定とそれに続く1997年のモスクワ条約が、この困難な戦いに終止符を打った。だが、チェチェンの独立国家でもなくロシア

ソ連崩壊後のスペツナズ

❶スペツナズ隊員(1992年、タジキスタン)
タジク野党連合と対峙するタジキスタン政府を支援するため、1992年にタジキスタンに派兵された部隊の兵士。この内戦は5年にわたって続いた。イラストの即応部隊に所属するこの兵士は、野党の支配下にあるゴルノ・バダフシャンで伏撃地点に送り込まれ、鹵獲されたソ連製UAZ469小型4輪駆動車に腰を下ろしている。上空に描かれているのはMi-24「ハインド」攻撃ヘリコプターである。着用しているのは麻でできた上下別のKZS迷彩戦闘服で、この戦闘服はスナイパー向けに1975年に採用された。パナマカ帽の帽章は旧ソ連時代のハンマーと鎌をあしらった赤い星である。冷え込む高原で、この兵士はアジア風のスカーフを首に巻いている。このスカーフは官給品ではないが、多くの場合においてアフガニスタンでの戦歴を示すものであった。手にしているのは5.45mm RPK-74軽機関銃である。

❷ロシア軍大尉(2006年、モスクワ)
スペツナズ隊員は通常制服に部隊章を付けないので、スペツナズ将兵を探し出すには探偵のような観察力と推理が必要だ。イラストの参謀本部情報総局(GRU)所属の大尉は、2006年の「ロシアの日」に閲兵式用の制服を着用している。勲章から推測すると、彼は内勤の将校や情報分析官ではない。勲章は左から2級殊勲軍務賞(15年の軍務で授与)、殊勲戦闘賞、祖国功労賞。注目に値するのが、祖国戦功勲章で、これは戦闘で際立った働きをした佐官以下の将校に贈られる。右の袖にはGRU部隊章のパッチが縫い付けられている。

❷a GRU部隊章
軍情報機関部隊章。紺色の地の上に白い線で描かれた地球があり、この上を黒のコウモリが羽ばたくデザイン。下の文字は「ヴォエンナヤ・ラズヴェートカ(軍事諜報)」である。

❷b 非公式なスペツナズ部隊章の一例
1990年代にスペツナズがその姿を公(おおやけ)にしたとき、部隊には正式な部隊章がなかった。しかし間もなく非公式の部隊章、盾形のパッチ(ワッペン)が製作されることになった。青のベレー帽と縞のシャツは落下傘兵を連想させるが、オオカミと人の顔を組み合わせたデザインはスペツナズ独自のものである。スペツナズはオオカミを部隊のシンボルとしている。

❸沿ドニエストル(モルドバ)におけるスペツナズ「平和維持部隊」(1992年)
1992年にモルドバと沿ドニエストルの親露反乱勢力のあいだで締結された休戦合意には、ロシア軍「平和維持部隊」を承認する項目があった。この条項によりロシア軍は沿ドニエストル・モルドバ共和国の国境沿いに展開した。平和維持というものの、ロシア軍の活動は沿ドニエストル・モルドバ共和国の国境を保障する以外の何物でもなかった。この部隊は当初第14親衛軍(72ページに続く)

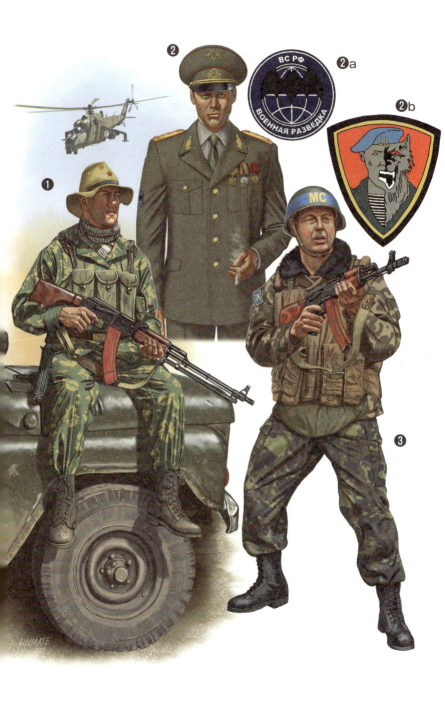

を基幹としていたが、1995年にモルドバ駐留ロシア作戦群（OGVM）に改称された。この部隊は小規模のスペツナズ部隊を司令部直轄でおいている。イラストの中尉はソ連時代からの雲形のパターンで構成された「ブタン」迷彩と呼ばれるTTsKO戦闘服と、この上には不恰好な6B5防弾チョッキを着用している。SSh-68ヘルメットには「平和維持部隊」の略号である「MC」の文字がペイントされ、同じ文字のパッチを右袖にも着用している。手にしているのは現用小銃として標準的なAK-74アサルトライフルである。

連邦の一員でもないあいまい状態は長期にわたる解決策を提供するものではないことがやがて明らかになっていく。

第2次チェチェン紛争（1999〜2002年）

チェチェンは自治を確保したものの、国内は混乱し、犯罪がはびこる国へと荒廃していった。イスラム強硬派は独立派の反乱にすぎなかった戦いを自分たちの手でより攻撃的な戦いへとエスカレートさせた。その一方で、モスクワはスペツナズを重点的に活用して、雪辱を果たそうと準備を始めた。

1999年8月に自らをイスラム国際戦線と称したチェチェン人武装勢力がマスハドフの命令に背いて隣国のダゲスタン共和国に侵攻し、この侵略がクレムリンに新たな戦争を始める口実を与えた。そしてここにエリツィン施政下の混乱に否応なしに巻き込まれていたロシア国民に好印象を植え付けようと努力を重ねていた男が登場した。元KGBエージェントで新たに首相になったばかりのウラジーミル・プーチンである。

大規模な航空攻撃が第2次チェチェン紛争の開戦を告げ、プーチン首相は軍の動員を開始した。1999年10月1日にモスクワは、もはやマスハドフ政権に合法性はないとして、新たな侵攻を開始

2000年にジャリ・ヴェデノ道で待ち伏せ攻撃を受け、大破した内務省軍（VV）のBTR-80装甲兵員輸送車。チェチェン人は勇猛な戦士として名高く、またソ連時代にスペツナズに配属されていたチェチェン人も人口に不釣り合いなほど多数いた。スペツナズに在籍していた経歴があるチェチェン人ゲリラは戦闘技術に長（たけ）ていただけでなく、ロシア軍の戦術にも精通しており、手の内を読まれたロシア軍は動揺を隠せなかった。(Svm-1977)

した。順序立ててチェチェン北部の平地を進んだあと、グロズヌイを包囲し（2月には陥落した）、山岳地帯へと進んだ。

　戦いの多くは陸軍の一般部隊と内務省軍の兵力によって行なわれたが、スペツナズも襲撃だけでなく、野砲の弾着観測や航空攻撃の成果を確認するなど戦場での情報活動に重要な役割を果たした。再派兵された特殊部隊の多くは第22旅団から派遣されており、第22旅団はこの功績から2001年に親衛の称号を与えられた（この部隊称号は第2次世界大戦後初めて授けられたものである）。

　スペツナズは本来の任務である敵中奥深くに入り込んだ偵察、

チェチェン紛争ではスペツナズ、一般部隊を問わずにスナイパーの有効性が再認識された。この写真はSVDドラグノフ狙撃銃に取り付けられたPSO-1スコープ（狙撃用照準眼鏡）を通した光景である。サイトに表示されるレティクルパターン（照準用刻線）によって測距や射角の修正を行ない、照準精度を向上させる。左の簡易距離計は1000メートル以内の目標をとらえるのに最適化されている。SVDは精度がいまひとつだったので、スペツナズが使用する狙撃銃はSV-98に更新されつつある。（Chabster）

敵の進出阻止、情報収集、即応対処を行ない、戦果は第1次紛争よりも良好だった。一般部隊においても隊員の処遇・訓練・戦闘準備のレベルが引き上げられていたので、一般部隊も第1次紛争より真剣に作戦に取り組み、その結果としてスペツナズが本来の任務に専念することが可能になった。

　スペツナズの優秀さは変わることがなく、道路交通を監視し、兵力の移動や物資の補給など敵が試みる活動を阻止するため、ヘ

リコプターも多用して、アフガニスタンで採り入れた戦術・活動を再び実践した。さらにスペツナズの存在は陸軍で新編された山岳部隊とともに、南部山岳地帯の攻略にも欠かせないものだった。

スペツナズによる作戦は順調に進捗しているように見えたが、2000年2月の776高地の戦いは困難を極めた。第441独立特殊任務大隊（ooSn）から派遣されたスペツナズ小隊が第104親衛空挺師団の落下傘部隊を支援したが、この部隊はチェチェンの反乱勢力によって後方を遮断され、アルグン渓谷で多数の敵に囲まれてしまった。部隊の壊滅が避けられないと考えた中隊長は、自隊の陣地へ砲撃を要請した。結果として、91人いたロシア軍将兵のうち、84人が戦死した。作戦としては敗北であろうが、空挺軍（VDV）とスペツナズが戦いに勝算のない状態で、死は確実であるにもかかわらず降伏を拒んだことは、1986年のクレール襲撃とともに以後、誇り高き武勲として語り継がれている。

カディロフツィとザーパド・ヴォストーク大隊

対テロリスト作戦は2009年4月まで継続されたものの、2002年4月になるとモスクワは勝利を宣言した。2005年になると、ほとんどの軍所属のスペツナズがチェチェンからの撤退を完了させていたが、連邦保安庁（FSB）と内務省（MVD）から派遣された姉妹部隊はチェチェンに残留していた。チェチェンに残った部隊は「カディロフツィ」として知られる現地勢力へ任務を引き継ごうと試みていた。

カディロフツィは第2次チェチェン紛争時にロシアが打ち出した新たな戦略の1つとして誕生した。モスクワは紛争を現地の当

事者どうしで行なわせることを企図し、独立派反乱組織に失望したチェチェン兵を組織化した。モスクワはカディロフツィの力を借りて彼らの地において、彼らなりのやり方で反乱勢力の撲滅を図ったのである。

　この部隊もときとしてスペツナズと呼ばれ、一応は参謀本部情報総局（GRU）の指揮下にあったが、構成員の大半は親ロシア派で初めて大統領になったアフマド・カディロフに忠誠を誓う兵士であった。アフマド・カディロフが2004年に暗殺されると、権力は息子のラムザン・カディロフの手に移り、カディロフツィの隊員は2006年までに5千人を数えるようになった。

　カディロフツィは第141「アフマド・カディロフ」特殊任務警察連隊と石油連隊（ネフチポルク）の2つの主要部隊によって構成されており、後者の公式な役割はチェチェンを横断する石油パイプラインの警備であった。

　ラムザン・カディロフは部隊を自らの影響下にとどめるため、これらの部隊をチェチェン内務省の管轄下においたが、ときを同じくして、ロシア参謀本部情報総局（GRU）から新設の支援と資金の提供を受けた2つの大隊が編成された。2002年発足のザーパド（西）と2003年発足のヴォストーク（東）の2個大隊である。

▶ヴォストーク（東）大隊は参謀本部情報総局（GRU）によって2003年に創設された特殊スペツナズ部隊で、通常の指揮系統下に位置しておらず、大隊隊員の多くはチェチェン人ゲリラであった経歴を持つ。高い戦闘能力と残忍性で知れ渡ったヴォストーク大隊は2008年のロシア・グルジア戦争が終結すると解隊された。一度は解散した大隊ではあったが、2014年になるとウクライナ東部での反キエフ武装勢力を支援するために、GRUは元隊員にアプローチし（以前に大隊に所属したチェチェン人隊員は少数派となっていた）、新ヴォストーク大隊が編成された。袖の腕章からこの兵士はヴォストーク大隊の隊員であると識別でき、親露派の拠点ドネツィクで開かれた対独戦勝記念日の閲兵式に参加しようとしている。制服や装備は統一されていないが、手にしているのはAK-74である。手首に巻かれているオレンジと黒の聖ゲオルギーリボンに注目（聖ゲオルギーは龍退治の伝説があるキリスト教の聖人。軍人の守護聖人）。このリボンはロシアへの忠誠を示す。（Andrew Butko）

チェチェンでのスペツナズ

❶グロズヌイにおける「ハンター」(1995年)

悪名高いグロズヌイでの戦いが終結すると、スペツナズはほかの部隊と同様に残敵を掃討するために派兵された。イラストは数人しかいない軍用犬ハンドラーで、内務省軍に同行している。このイースト・ヨーロピアン・シェパード(ジャーマン・シェパードとハスキー犬の交配種)は人を獲物とする狩猟犬である。眺望の利くBTR-70装甲兵員輸送車の上から、隊員と軍用犬は待ち伏せ攻撃に備えて周囲を警戒している。軍用犬ハンドラーは内務省軍将兵と同じ厚手のゴルカ・バルス・マウンテンスーツを着用し、覆面(バラクラバ・マスク)をかぶることで顔と身元が割れないようにしている。

❷ノーヴィエ・アタギにおけるボディガード(1998年)

ロシア安全保障会議書記であったアレクサンドル・レベジ(多大な功績を残した陸軍中将でもある)がチェチェンの指導者アスラン・マスハドフと直接交渉に入ったとき、選び抜かれたボディガードがレベジを警護した。このボディガードが携行している武器はGP-25グレネードランチャーを装着したAKS-74アサルトライフル、ホルスターに入れられたマカロフPMM拳銃、そしてPP-91「ケダール」短機関銃と異様なほど多岐にわたっている(これだけの武器を持つとなると、任務に支障をきたすかもしれない)。迷彩戦闘服の上には黒のタルザンM24戦闘ベストを着用している。手の甲に見える落下傘兵バッジと同じ図案の刺青が、彼が空挺軍からスペツナズへ移籍したことを示している。

❸スナイパー(2003年)

スナイパーはロシアの反乱鎮圧戦術でも欠かすことのできない存在となり、このことは第2次チェチェン紛争で顕著になった。イラストのスナイパーは2002年の公式停戦合意がなされたあとに、残党狩りをするために潜伏している様子。この兵士自身がカスタマイズした全身擬装用のギリースーツ、ロシア語ではマスキロヴォーチュヌィ(隠蔽服)を着用している。描かれている狙撃銃は新たに調達された7.62mm SV-98で、この精度が高く、威力の大きいボルトアクションライフルはセミオートマチック(半自動)のSVDよりも高い評価を得ていた。

❸a スペツナズのスナイパーバッジ

チェチェンにおけるスペツナズの活動でスナイパーの価値が認められるようになると、非公式ではありながらもこのパッチの着用が黙認されることになった。このパッチの図案はGRUのコウモリがドラグノフ狙撃銃の上にあしらわれ、狙撃スコープのレティクルパターンが中央にある。

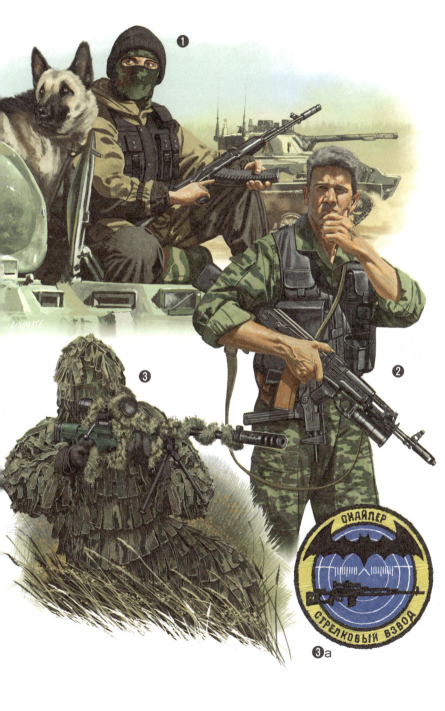

ところがヴォストーク大隊が南オセチアにおいて短期間ロシア・グルジア戦争に参戦したのちに、この2個大隊は解隊されてしまい、カディロフ個人がチェチェンの全保安部隊を支配するようになった（解隊されたヴォストーク大隊の名称は、予期せぬところでよみがえった。2014年に東部ウクライナにおいてである。しかしウクライナに進出したヴォストーク大隊隊員のうち、チェチェン時代から戦列に加わっていた古参兵は早い段階でGRUから撤兵を命じられたと考えられている）。

　ザーパドとヴォストークの両大隊は精強で、反乱勢力と同様に平地のみならず、コーカサス山脈北部の山岳地帯でも行動し、反乱勢力と戦闘を交えた。その一方で、軍規は乱れがちで「一般的」には許されない手法を数多く用いたことから、国の内外の人権組織から残虐行為があると非難された。スペツナズと呼ばれることもあったので、2つの大隊を紹介したが、正しい定義に照らせば、これらの部隊をスペツナズと呼ぶことはできない。

新型歩兵戦闘装備の開発

　2002年にチェチェンでの大規模軍事作戦が終了すると、スペツナズの活動は断続的になり、部隊の存在意義も明確なものではなくなったが、スペツナズが低強度紛争における存在価値を証明したことに変わりはない。21世紀の初頭はスペツナズが得意とした小規模戦闘（さまざまな場所で絶え間なく続く戦闘）が行動の多くを占めると考えられた。

　一方でスペツナズに与えられる予算と任務をねたむ一般陸上部隊と空挺軍（VDV）は「スペツナズにできて、自分たちにできないことはない」と不満の声を上げた。一般部隊とVDVが望まない

スペツナズは往々にして新型武器システムの試験を実施する。この隊員は冬季用のスノースーツを着用し、GB-25グレネードランチャーを装着したAN-94アサルトライフルで狙いを定めている。スペツナズの隊員はこの武器を気に入ったが、政治的、経済的事情から限られた数しか調達されなかった。（Vladimir Makarov）

任務は、ロシア連邦保安庁（FSB）とロシア内務省（MVD）が自らの任務にしようとした。ロシア軍が国防・軍事計画を立案する際に拠り所となる2000年の「軍事ドクトリン」は、テロの脅威や国境での不安定な動きに触れており、前者の脅威への対処は保安機関が自らの任務だと主張し、VDVは後者の周辺地域における不安定要因への対処は自らが最もふさわしいと強調した。

スペツナズは国民から賞賛されることはあっても（2002年にロシア国内でテレビ番組『スペツナズ』が短期間放映され、スペツナズはテロリストの資金供給を断つ活動から人質救出まで多くの任務を遂行する英雄集団として紹介された）、軍の中では脇役に

「探し出し、逃がしはしない。力を合わせてテロを撲滅しよう！」これがこのポスターのスローガンである。右下にはコウモリと地球が図案化されたGRUのシンボルマークがある。（Vitaly Kuzmin）

なってしまった。

　しかし、この時期はプーチン大統領が軍事予算を大幅に増額したこともあり、スペツナズもその恩恵にあずかった。スペツナズの要員は徴兵の割合を下げて、志願兵（契約制）の比率を上げ、訓練プログラムと施設も改善された。同時にスペツナズは幅広く採用が予定されていた新型兵装システムの試験を行ない、2013年に導入された「ラートニク（甲冑兵）」新型歩兵戦闘装備の開発にも重要な役割を果たした。

　このようにスペツナズは小粒ながらもその存在を維持してきたが、大きな変革が2008年8月のグルジア（現ジョージア）との戦争（戦闘はわずか1週間で終息した）で訪れた。この紛争でようやくヨーロッパやアジアでの大規模地上戦を想定した軍事ドクトリンから脱却したロシア軍は、スペツナズに独自の立場を与えたのである。

第6章
現代のスペツナズ

2008年グルジアの戦い

　トビリシにあるグルジア（現ジョージア）政府にとって、南オセチアとアブハジアの反政府勢力の存在は長きにわたり目障りな存在だった。その一方で、クレムリンはロシアの覇権に公然と反旗を翻したミヘイル・サアカシュヴィリ大統領に一撃を加える機会を虎視眈々と狙っていた。

　新生ロシアのリーダーにとって、この戦いは必ず勝利しなければならないものであり、そのためには現地の反乱勢力を使わない手はなかった。数カ月におよぶ越境攻撃と狙撃、そして砲弾まで国内に落下すると、グルジア政府はロシアが仕掛けた罠にはまり、2008年8月7日、南オセチアに侵攻した。

　翌朝、ロシアは平和を取り戻すことを名目に、第58軍を南オセチアに入れ、同時にロシア黒海艦隊もグルジアの沿岸を封鎖し、ミサイル艇を撃沈した。

　侵攻開始からわずか5日後の8月12日、クレムリンは軍事行動の終了を発表した。ロシアはアブハジアならびに南オセチアからグルジア軍を駆逐し、2つの地域には自称独立国が誕生した（こ

2008年、グルジア（現ジョージア）において、ロシア軍部隊を先導するスペツナズの偵察兵。スペツナズの反対勢力捜索能力は、上首尾に終わったこの数日間の戦闘のなかでも際立ったものであったが、ほかの部隊はスペツナズが提供した情報を有効に使うことができなかった。写真のスペツナズ隊員は顔を隠し、森林用迷彩のレース戦闘服を着用している。この戦闘服はもともと内務省軍のものである。(Alexei Yermolov)

れらの国々は被保護国にすぎないとして国際社会は独立を認めなかったが、統治権はロシア軍によって保障されていた）。

グルジア軍は手痛い損害をこうむり、クレムリンはロシアの軍事力を侮ることは愚かなことで、いつでもその軍事力を行使する用意があることを示した。ロシアがその気になれば、トビリシを攻略し、グルジア国内へ奥深く侵攻することが可能であったからである。

戦いはロシア軍の勝利で終わったものの、勝敗は最初から明らかだった。第58軍だけでも、グルジア軍の2倍の兵力があり、戦

車の数では5倍の差があった。焦点となったのはどれだけロシアが容易に勝利を収められるかであった。

軍事費はプーチンによって8年間にわたり増大してきたが、この戦いでロシア軍はいくつかの深刻な問題を露呈した。旧式化し、秘話化されていない、そして多くの場面では信頼性に欠ける指揮統制通信システムは同士討ちを誘発し、指揮官は事もあろうに自らの携帯電話に頼らざるを得ない状況に直面した。

ロシア空軍が確保した制空権は確固としたものではなく、その制空権も当初考えられていたものより低いレベルだった。さらに空・陸の部隊間の連携、調整に問題があったため、ロシア軍機に向けられた砲弾の一部は、ロシア軍機を敵機と見誤った自軍や南オセチア民兵によるものだった。ロシア政府は否定するものの、信頼できる情報筋によると、失われた6機のロシア機のうち、3機は「友軍相撃」で撃墜されたという。

実際の戦闘の多くは第76、第98空挺師団の落下傘部隊によって行なわれ、また空挺軍（VDV）の第45独立親衛特殊任務連隊や第10、第22旅団から作戦に加わっていたスペツナズも多くの役割を担った。参謀本部情報総局（GRU）はグルジアの戦いでは効果的な働きができなかったものの、スペツナズは戦場で見事な腕前を披露した（GRUが最新の情報を提供しなかったため、ロシア空軍はすでに放棄されていた飛行場数カ所を爆撃した）。

ロシア軍の戦力運用や反乱鎮圧、対テロ作戦遂行の改革ペースは遅々としたものであったが、将来に向けて自らを確実に刷新しようとする動きのなかで、スペツナズに課せられた任務もまた増大した。しかし、高まる期待はねたみにつながり、スペツナズは権力闘争に巻き込まれてしまった。

2008年のグルジアの戦いにおいて重要な役割を果たしたスペツナズだが、2011年に参謀本部情報総局（GRU）に直属する特別な地位を失い、各戦線の統合コマンド（司令部組織）の指揮下に編合されてしまった。これはGRUにかけられた政治的圧力の産物であったが、後述するように、別の見方をすれば、将来の戦闘におけるスペツナズの役割が再認識された証しでもあった。

特殊作戦司令部の新設

　長いあいだ参謀本部情報総局（GRU）は軍諜報活動に専念し、戦場での偵察を任務とするスペツナズは現地戦闘部隊の指揮下におくべきだという意見があった。グルジア戦争は、スペツナズと戦闘部隊の統合を求める声を一層強くした。

　スペツナズの指揮系統を変更するため、2010年にスペツナズ旅団は4つの軍管区（戦時には統合戦略コマンドとなる）に移管されることが決定した。このためソルネチノゴルスクにあったセネーシュ訓練・作戦センターはGRUの管轄下を離れ、参謀本部のもとで最初はメドィエフ将軍、次にミロシニチェンコ将軍が指揮をとることになった。2人は軍スペツナズのライバルである連邦保安庁（FSB）の対テロ特殊部隊「アルファ」の出身であった。

　セネーシュはモスクワの北西にある湖で、ここに新規に発足した特殊作戦司令部（KSO）がおかれることになった。KSOのもとには通常のスペツナズ旅団以外にも、独立特殊任務連隊（opSn）、トルジョーク基地駐屯の攻撃・輸送ヘリコプター飛行隊、イリューシン76「キャンディッド」大型輸送機が集められた。

　KSOが所掌する任務は平時の対テロ作戦から、戦時の破壊工作

ヨーロッパロシアにおける主要スペツナズ部隊の最新配置図

厳密にはスペツナズではないものの、エリート陸軍部隊の斥候・捜索要員であるラズヴェーチキはスペツナズと同様の訓練を受け、類似した装備を保有している。赤旗勲章、レーニン勲章授与カンテミール独立第４戦車旅団という名誉ある称号を冠した部隊の偵察中隊の小隊長はR-169P-1無線機、双眼鏡、AK-74を身に付けている。（Vitaly Kuzmin）

や暗殺までが含まれることになり、情勢が不安定な北コーカサスに近いソチで2014年の冬季オリンピックが開催されることが決まると、潜在的な脅威に対処するための組織作りが急務とされた。新設が急がれたのはスペツナズの第346旅団と第25独立連隊も同様である。

　2013年初め、KSOは公式に活動を開始した。ヴァレリー・ゲラシモフ参謀総長の構想によると、KSOが主として所掌するのは、国連平和維持活動の参加からロシア単独による軍事介入などの海外任務であった。この時期にプーチン大統領は有志連合がアフガニスタンから撤退すると、ロシアの南側では騒乱が発生すると警

部隊の行事でのデモンストレーションのため、整列した第27独立自動車化歩兵旅団の偵察兵。ベリョースカ（白樺）模様の迷彩カバーオールの上には胸の弾倉入れしか身に付けておらず、ボディーアーマーなど野戦で用いるほかの装備は装着していない。(Vitaly Kuzmin)

告を発しており、このことからKSOが中央アジアへの派兵を検討していたことが推測できる。

苦境に立つGRU（2010〜13年）

軍上層部に大胆な変革を突きつけていたアナトーリー・セルジュコフ国防相は、グルジア（現ジョージア）との戦いで明らかになった失策を踏まえて、自らの動きを強めた。セルジュコフは旧ソ連軍を支配していた北太平洋条約機構（NATO）あるいは中国との大規模地上戦を想定した体制からの決別を求め、代わりに柔軟性と独立性をもって多種多様な作戦を実施することのできる組

スペツナズのスナイパーはロシア軍部隊に所属するほかの狙撃手よりもはるかに高い基準を満たすよう訓練されている。またほかの部隊と同様にスペツナズのスナイパーは自身が着用する「ギリースーツ」の偽装効果を高め、使いやすくするため、その製作・改造において多くの自由裁量が与えられている。(Vitaly Kuzmin)

スペツナズの隊員はあらゆる地形、気象・環境下で行動しなければならない。写真は空挺偵察部隊が渡河している様子である。被服や携行品は防水バッグに入れられているが、銃はすぐに使用できる状態に保たれている。（Vitaly Kuzmin）

織作りを軍に求めた。陸軍の基本編制であった師団は小規模旅団に改編され、重要視するべき戦力は重機甲戦力から軽歩兵や山岳部隊などのスペシャリスト集団へ移行した。また志願兵の割合を増加させることも試みられた。

この動きは参謀本部情報総局（GRU）に新たな圧力をかけた。GRUと競合関係にある機関はGRUの役割と存在意義に疑問を投げかけ（ロシアの官僚は争いを好む）、陸軍はスペツナズを自らの指揮下におきたいとの考えを表明し、GRUをライバル視していた対外情報庁（SVR）もGRUの権威を失墜させようと懸命だった。

空挺軍（VDV）の落下傘兵はスペツナズにできて自分たちにできないことはないと豪語し、参謀本部においてもクレムリンと直結するGRUの特別な地位に不満を示し、また疑問視する声が上がった。

このような動きを受けて、スペツナズ創設60周年を迎えた2010年10月24日、偵察担当陸軍副参謀長であったウラジーミル・マルダシン大佐はスペツナズが軍管区の隷下に入ることを発表した。

この組織改編はGRUにとっても驚きをもって迎えられたが、GRU総局長であったアレクサンドル・シュリャフトゥロフ上級大将が長らく病気療養中のため不在で、彼の影響力が低下していたことを考えると不思議なことではなかった。

GRUは保有していた特殊部隊が取り上げられることになっただけでなく、組織も大幅に縮小されることになった。モスクワの近郊ホディンカにある「水族館」と呼ばれた大規模司令部からは100人いた将官のうち80人が転出し、将校全体も千人以上が削減された。情報総局から参謀本部の一部局へと格下げしようとする動きもあり、もしそれが実現すればGRUは独立した立場と権力を失うことになる。

組織にとっては耐えがたい屈辱であったが、GRUとスペツナズはすぐさま形勢挽回に転じた。シュリャフトゥロフ上級大将は2011年末に退役し、彼の後任であるイーゴリ・セルグン中将は総局長としてGRUの弱体化を阻止するため、活発に動き回った。ロシアの政治で古くからみられるのと同様に、GRUは後方で守りに入り、書類の上ではスペツナズを陸軍へ引き渡したが、実際には移管を引き延ばせるだけ引き延ばそうと画策したのだ。そして待ちに待った朗報は2012年末にヴァレリー・ゲラシモフ上級大将が

特殊部隊の将校はしばしば国粋主義に傾倒するようだ。ウラジーミル・クヴァチコフ大佐は1983年から94年にかけてスペツナズに在職し、そののちGRUの参謀となった。2005年にクヴァチコフはロシアの自由派政治家アナトリー・チュバイスを暗殺しようとした容疑で起訴され、無罪判決を受けて釈放されたものの、暗殺を試みた容疑者を非難することはなかった。彼は2013年にクーデターを計画した罪で、禁固刑13年に処せられた。（Dmitry Rozhkov）

参謀総長になったときに訪れた。

　軍指揮官であり、軍事思想家でもあったゲラシモフはハイブリッド戦（軍事力以外にも経済的圧力や情報戦など多様な要素が関与する戦い）やノンリニアー戦（戦線が存在しない戦い）の提唱者であった。これらの戦いではロシアは政治、経済、情報、軍事作戦を総合して国益の確保を追求する。スペツナズはこのような行動には最適の部隊だと考えられたが、これは同時にスペツナズが軍管区に所属する戦術的偵察部隊から脱却し、戦略的な兵力にならなければならないことを意味していた。

　ハイブリッド戦、ノンリニアー戦の構想を受けて、スペツナズの移管は立ち消えになり、2013年になると密かにGRUの隷下に戻された（実際に移管が行なわれていたと仮定すればの話であ

VDVスペツナズ部隊の創設20年を記念した行事のデモンストレーションで大げさに屈強な兵士を演じるスペツナズ隊員。この部隊の正式名称はクトゥーゾフ勲章ならびにアレクサンドル・ネフスキー勲章授与第45独立親衛特殊任務連隊である。(Vitaly Kuzmin)

る)。空挺軍(VDV)司令官であったウラジーミル・シャマノフは、スペツナズはVDVが基幹をなす即応軍に配属されるのが望ましいと声を上げ、スペツナズを彼の大規模な部隊の隷下におこうとしたが、この試みも実を結ぶことはなかった。

2014年になると、GRUの威光は再び輝くことになった。クリミア併合とウクライナ東部における暴動と政情不安定化を目的とした半非公然作戦が展開されることになったからだ。

2014年の部隊編制

　2014年後半の時点で、スペツナズは規模の異なる7個旅団によって構成されていると推測される。7個旅団（合計で19個前後の独立特殊任務大隊〔ooSn〕が存在すると思われる。103ページの表参照）は、GRUの第5局（作戦偵察）に隷属しているが、戦場では作戦指揮官の指揮・命令下で運用される。

　4個海軍独立特殊任務偵察隊（omrpSpN、旅団に匹敵する）は厳密には第5局の隷下にあるが、実際には部隊の母体となる各艦隊との結びつきが強い。

　空挺軍（VDV）にはVDV独自の第45独立親衛特殊任務連隊（opSn）のほか2個スペツナズ旅団と1個連隊がある。この3個

2013年に空挺軍がスペツナズを隷下におこうとした目論みからも、スペツナズと空挺軍（VDV）がライバル関係にあることがわかる。このような企てはあったものの、実任務ではスペツナズとVDVは行動をともにすることが多く、またVDVの落下傘兵を装うこともある。写真はラメンスコエとしても知られ、ロシアの最新航空機の試験にも使われるジュコフスキー航空基地で訓練中の「ブルーベレー」の一群。先頭を歩く機関銃を持った兵士はほかの部隊の隊員である可能性がある。詳細にみると、彼はSSリェータ・パルチザン戦闘服を着用しているのがわかり、それに対してライフルを持った兵士はTTsKO戦闘服を着ている。（Meoita/Shutterstock）

部隊のうちの１つ、第100独立旅団は新しい装備や運用構想の試験をたびたび実施しており、残りの２個部隊は前述のようにロシア南西部で開催されたソチ冬季五輪を警備するために2011年から2012年にかけて新編された。第25独立特殊任務連隊（opSn）は政情不安定な北コーカサスでの行動に最適化され、第346旅団（連隊規模と思われる）はKSOの実働部隊になったようである。

敵中奥深くでの作戦や非正規戦の脅威下で、敵の対抗戦術に対処するための装備をスペツナズは開発した。BTR-82を改造したこのタイフン-M対破壊工作車はずらりと並んだ各種センサーが特徴的で、監視レーダー、熱線暗視装置、反響標定装置などの情報収集機器を搭載するほか、遠隔操作で起爆する爆弾を無力化する電波妨害装置、偵察用小型無人航空機、そして砲塔には7.62mm機関銃が装備されている。(Vitaly Kuzmin)

昇進の道が閉ざされるスペツナズ

　スペツナズを志願兵、ロシアの専門用語では「契約制軍人」のみで構成しようという動きはつねにあったが、これは決して平坦な道のりではない。志願兵のみで構成されたスペツナズ部隊もあるが、多くの部隊は2013年の時点でも徴兵された兵士の割合が最大で50パーセントを占めていた。

　徴兵された兵士であっても運動能力が高く、射撃、ランドナビゲーション（地上航法）、ハンティングに秀でた兵士が選ばれるが、部隊の多くは年に2回ほど苦労して新隊員を既存の部隊組織に溶け込ませなければならない。1年間徴兵される兵士は（4カ月の新兵訓練を受けたのちに）5月と11月に部隊に配属になり、下士官は（6カ月の訓練を受けたのちに）7月と1月に部隊にやってくる。士官学校を卒業したばかりの初任将校は9月に部隊に着任する。

　新隊員は身体の鍛錬とともに精神面においても厳しく訓練され、予期せぬ事態が起こっても迅速、適確に対処できる能力を身につけることに重きがおかれる。これによって新隊員は必要な戦闘・戦技スキルを身に着けることができるようになる。

　配属になった旅団の担任地域に合わせて、将兵は外国語の基礎講義を受けることもあるが、これはあまり重要ではない。流暢に外国語を操れるようになるとは誰も思っておらず、もし高い言語スキルを身に着ける隊員がいたとしたら、もともとこの隊員はGRUの諜報オペレーション要員に指定されているだろう。

　一般部隊よりも処遇はよく、戦闘手当も頻繁に手にするが、スペツナズとてロシア軍のほかの部隊と同様に会計業務面では問題が多く、給料の支払いも遅れがちである。第2次チェチェン紛争

トルジョーク航空基地で飛行中の夜間戦闘が可能なカモフKa-52「アリガートル」（NATOコードネーム「ホウカムB」）戦闘ヘリコプター。この基地には第344陸軍航空戦闘センターが所在し、ここが特殊作戦司令部（KSO）隷下部隊の近接航空支援を担当している。Ka-52は30mm 2A42機関砲を搭載し、機外にはロケット弾やヴィーフリレーダー誘導ミサイルを懸下するハードポイント（機外兵装ステーション）がある。(Alex Beltyukov)

が起きている最中でも戦闘手当が支払われないことや、予定されていた装備の更新が行なわれなかったことで抗議の声が上がった。

　上昇志向の強い将校にはさらなる問題がある。スペツナズの最高位の補職は旅団長である大佐であり、それよりも上級の補職を目指すのであれば、参謀本部情報総局（GRU）本体に入らなければならない。しかしGRU将校の多くは情報将校であり、特殊部隊の出身ではない。

　また空挺軍（VDV）に横滑りする手もあるが、そう簡単ではない。VDVはスペツナズとはライバル関係にあるからだ。VDVに

8月2日は空挺軍(VDV)の日であり、スペツナズもVDVの祝賀行事に参加する。2014年に赤の広場で撮影された写真で、第5独立特殊任務旅団の退役軍人がGRU(参謀本部情報総局)のコウモリとVDVのパラシュートが図案化された旗を振っている。(著者撮影)

はスペツナズより上級の指揮官ポジションがあり、さらにVDV将校は一般部隊の指揮官になることも多く、また国防省や参謀本部の幕僚になる道も開けている。したがってスペツナズ将校はVDV将校より人事面では不利な立場にある。

これは長く続いている問題で、かつて多くの勲章を授与されたVDV将校で、いまはVDV退役軍人協会会長を務めるヴァレリー・ヴォストラチン元上級大将は、幹部候補生であった1970年代後半にリャザンVDV学校第9中隊への配属を断っている。この中隊はスペツナズのための教育部隊であり、ヴォストラチンはこれ

スペツナズ部隊 (2014年当時)

第2旅団
　　　（プロメジッツァ、プスコフ）
　　第177独立特殊任務大隊 (ooSn)
　　　　　　　　　　　　（タイボル）
　　第186独立特殊任務大隊 (ooSn)
　　大隊名称不詳 ooSn
第1071訓練連隊（ペチョラ）
第3親衛旅団（トリヤッチ）
　　大隊名称不詳2個 ooSn
第10旅団（モリキノ）
　　大隊名称不詳3個 ooSn
第14旅団（ウスリースク）
　　第282独立特殊任務大隊 (ooSn)
　　第294独立特殊任務大隊 (ooSn)
　　　　　　　　　　　　（ハバロフスク）
　　第308独立特殊任務大隊 (ooSn)
　　第314独立特殊任務大隊 (ooSn)
第16旅団
　　（チュチコヴォ/タンボフ、モスクワ）
　　第370独立特殊任務大隊 (ooSn)
　　大隊名称不詳2個 ooSn
第22親衛旅団（ステプノイ）
　　第173独立特殊任務大隊 (ooSn)
　　第411独立特殊任務大隊 (ooSn)

第24旅団（イルクーツク）
　　大隊名称不詳 ooSn
　　　　　　　　（ノヴォシビルスク）
　　大隊名称不詳 ooSn（ベルツク）
その他部隊
第100旅団（モズドク）
第25独立特殊任務連隊（スタヴロポリ）
特殊作戦司令部（ＫＳＯ）
第346旅団（プロフラドニ）
海　軍
第42海軍独立特殊任務偵察隊
　　　　　（ウラジオストク、太平洋艦隊）
第420海軍独立特殊任務偵察隊
　　　　　（セヴェロモルスク、北方艦隊）
第431海軍独立特殊任務偵察隊
　　　　　（セヴァストポリ、黒海艦隊）
第561海軍独立特殊任務偵察隊
　　（カリーニングラード、バルト海艦隊）
VDV司令部
第45独立親衛偵察連隊（のちに旅団）
　　　　　　　　（クビンカ、モスクワ）

を受け入れれば、自らの昇進の道が閉ざされてしまうことを知っていたからである。

2014年ウクライナ内戦

　スペツナズは2014年3月にほぼ無血で達成されたクリミア併合と、クリミアよりは多くの血が流れたウクライナの東部ドンバス地方での親ロシア勢力による暴動で重要な役割を果たした。ロシアが陰で糸を引いた暴動が激化するにつれて、スペツナズはゲラシモフ上級大将が提唱した新たな理念を具体化した。現地政権の転覆、政治・経済への影響力の行使や情報収集などハイブリッド戦のほかの要素と同様に、スペツナズは大きな戦略の中で精密に動き始めたのである。

　腐敗とモスクワ寄りの姿勢を強めるウクライナのヴィクトル・ヤヌコーヴィチ大統領に対する抗議行動は、キエフで流血の惨事を見ることになり、ヤヌコーヴィチはキエフを2014年2月21日に逃れ、親ロシア政権は崩壊した。キエフで暫定政権が組織されると、モスクワはウクライナが自らの影響下から離脱しようとしているのではないかと恐れ、またモスクワの盟友であったヤヌコーヴィチがその後ウクライナを出国しなければならなくなった事態に憤りと警戒心を強めた。

　モスクワはすぐに行動に移った。翌日、空挺軍（VDV）の第45独立親衛特殊任務連隊（opSn）は、第3親衛特殊任務旅団とともに警戒態勢に入り、第16旅団の2個独立特殊任務大隊（ooSn）はタンボフ駐屯地を出発した。

　重要な問題はクリミアの将来であった。クリミア半島の住民の多くはロシア語を話し、1954年に半島はロシアからウクライナに

2014年のクリミア侵攻を取り上げたテレビニュースで、ロシア兵の新たな装いが明らかになった。写真の海軍スペツナズはラートニク戦闘服を着用し、ラートニク構成品にはボディーアーマー、ロードキャリングベスト、吊りベルトが含まれている。新型戦術無線機材が登場したことで、初めて第一線において兵士間のコミュニケーションが可能になった。(Photo.ua /Shutterstock)

現在のスペツナズ (1)

❶弾着観測員（2008年、グルジア〔現ジョージア〕）
ロシア軍のグルジアにおける作戦では、何人ものスペツナズ兵が弾着観測の任務にあたったが、ときとして友軍相撃に見舞われた。イラストの隊員は1D26「アトール」レーザー測距儀／目標識別装置を使用している。友軍相撃の多くは前進観測班から砲兵や航空管制員へ適切に情報が伝わらないことで発生した。この観測員はアクヴェドゥークR-168-1KE短波無線機を使用しているが、実際には通信になんらかの問題が発生すると、秘話化されていない携帯電話に頼る状況になるだろう。観測員はフレクターD迷彩戦闘服を着用しているが、このデンマーク軍の迷彩パターンをコピーした戦闘服は支給数量が少なく珍しい。肩にかけているのは自衛用のヴィチャツSN短機関銃。

❷新装備の実用試験中の隊員（2012年、ムリノ）
スペツナズはラートニク戦闘装備の実用試験において重要な役割を果たした。イラストは（まだ試験中の）YeSU戦場指揮統制システムに誘導されて前進するスペツナズの軍曹。上空を飛ぶKa-52「アリガートル」戦闘ヘリコプターの支援を受けている。携行火器はカラシニコフの派生型AK-12アサルトライフルで、AK-74の後継機種の1つである。ヘルメットには交戦訓練装置のレーザーセンサーが取り付けられ、模擬戦においてこのセンサーが敵からの射弾の命中を判定する。

❸軍事パレードのスペツナズ（2014年、モスクワ）
第2次世界大戦の終結を記念する5月9日の対独戦勝記念日の軍事パレードは毎年モスクワで行なわれ、この場でロシア軍の威容が誇示される。2014年のクリミア占領と併合で大きな働きをしたスペツナズはこの式典において、今までになく目立つ場所を与えられた。イラストのスペツナズ隊員はクリミアで見られたデジタル・ピクセル迷彩の植物柄の新型ラートニク戦闘服と、6B43ボディーアーマーを着用し、6B27ヘルメットにゴーグルを付けている。手にしているのはVVSヴィントレス消音スナイパーライフルである。

割譲されたのだった（この帰属替えも論争の焦点となっている）。

クリミアにはキエフとの合意のもとでおかれたロシア海軍黒海艦隊の基地があり、また現地の親ロシア派は明らかにモスクワによって支援、場合によっては扇動までされて「自衛市民軍」を組織するようになっていた。ロシアの支援はすでにクリミアに基地があった第810海軍独立歩兵旅団を通じて行なわれた。正体不明の民兵が軍用火器を手にして、ウクライナ軍基地を包囲するようになり、2月27日になると50人の集団によってクリミア議会議事堂が占拠された。

彼らは現地の民兵であると自称していたが、高性能の火器を持ち、高度の訓練を受けたこの集団は、空挺軍（VDV）の第45独立親衛特殊任務連隊（opSn）の支援を受けて、特殊作戦司令部（KSO）が初めて送り出した兵士たちであった。翌28日にはMi-8「ヒップ」輸送ヘリコプターに搭乗した第431海軍独立特殊任務偵察隊（omrpSpN）スペツナズが最新型のMi-35M「ハインド」E戦闘ヘリコプター守られてクリミア入りした。

次いで揚陸艦に乗った第10、第25独立特殊任務（スペツナズ）旅団の隷下部隊がセヴァストポリ港に到着した。すべてのウクライナ軍基地は取り囲まれ、翌週になると第3親衛旅団、第16旅団、第25独立特殊任務連隊（opSn）もクリミアに入った。この時点でロシアは数千人にも及ぶ高い戦闘力を有する兵士をクリミアに展開させたが、これらの兵士は重装備を所持していなかった。ウクライナが本気で抵抗する意思と能力を発揮すれば（キエフ暫定政権は自国軍がどこまで忠誠を誓うか確信できず、反撃の命令を下せなかった）、ロシア侵攻軍にとっては厄介なことになる。このため、ロシアは機甲と砲兵部隊をともなった一般部隊の派兵

に力を注ぐことにした。

　第727海軍独立歩兵大隊、第291砲兵旅団、第18独立自動車化歩兵旅団がクリミアに入った。これらの部隊は戦闘車両、大型火砲をともなっていた。3月16日に急ぎ行なわれた国民投票で併合派が圧勝すると、半島は正式に併合され、スペツナズは残されていたウクライナ軍基地に向かい、実力は行使するものの、ウクライナ兵を殺すことなく、ウクライナ軍の残党を降伏させた。

　最後まで抵抗していたウクライナ軍の精鋭、第1海軍歩兵連隊は3月24日にスペツナズによって排除された。使用された武器はスタングレネード（閃光発音弾）と発煙弾のみであったが、この戦闘中、30mm機関砲を搭載した複数のBTR-82A装甲兵員輸送車と2機の攻撃ヘリコプターが睨みを利かせた。

　その一方でウクライナ東部、とくに人口の多くがロシア語を話し、ウクライナ国内でも産業の発展したドンバス地方の紛争で、ロシア軍はクリミアのように明快な行動をとることができなかった。戦闘は多数のロシア人・コサック義勇兵の支援を受けて、ウクライナ軍や警察からの離反者らからなる民兵が、その主体となったが、戦闘員の多くはGRUによって集められ、武器の供与から、一部では給与まで支払われていたという。作戦はウクライナと国境を接するロストフ・ナ・ドヌから始まっている。

　確認することはできないが、VDVの第45独立親衛特殊任務連隊（opSn）などスペツナズの多くの部隊から、ウクライナ政府軍の決定的な勝利を阻止するために、兵員が派遣されたとの報告がたびたび上がっている。統制に関しては、ウクライナ政府軍と親ロシア武装勢力ともに問題があったようだ。キエフ側においても、寡頭資本家（オリガルヒ）により集められた私兵が含まれていた

ソ連太平洋艦隊の赤旗勲章授与第55海軍歩兵師団は隷下に連隊規模の海軍スペツナズ兵力を保有していた。この部隊の後身がロシアの第263海軍歩兵偵察大隊である。写真は1990年にアメリカ海軍の視察団がウラジオストクを訪れた際に撮影されたもので、太平洋艦隊の歩兵が訓練を展示している。歩兵は森林用迷彩のTTsKO戦闘服を着用し、伝統的な黒いベレー帽をかぶっている。小銃は銃剣を取り付けたAK-74である。

からだ。本書執筆の時点においても公式な停戦が継続して守られることはなく、アメリカはロシアが紛争地域での兵力と機甲戦力を増強していると非難している。

旧ソ連諸国のスペツナズ

1992年にソ連軍が解体されたのち、ロシアのスペツナズは、同盟国部隊や敵対することになった旧ソ連諸国のスペツナズに対処しなければならなくなった。混乱の最中に旧ソ連諸国に帰属することになったスペツナズのロシア人将兵は、引き続きモスクワが指揮する部隊への異動を希望した。一方、旧ソ連諸国が継承した

当事国は認めようとしないが、旧ソ連諸国における特殊部隊の多くはいまだにスペツナズの慣例と教義の影響下にある。この状況は第三国から訓練と装備を導入した国々にあっても変わりない。写真はアゼルバイジャンの「マルーンベレー」であり、トルコ軍から訓練を受けたこの部隊の隊員はイスラエルのIMIタボールAR21アサルトライフルを手にしている。(WalkerBaku)

スペツナズ部隊のなかで、ソ連時代に存在した高いプロ意識と戦闘能力を受け継いでいる部隊はほとんどない。

　イジャスラフに駐屯する第10旅団はウクライナ軍の部隊になり、この部隊が2014年にウクライナ東部でモスクワが陰で糸を引く暴徒の鎮圧にあたった。マリーナ・ゴールカ駐屯の第5旅団はベラルーシに帰属することになり、この移管によってロシア軍が失ったものは大きかった。ベラルーシの第5旅団は大規模な部隊で、同旅団が保有する最新の訓練施設では新型グライダーやマイクロライト機(超軽量航空機)の試験が行なわれていたからだ。

　第15旅団は第459独立特殊任務中隊(orSn)とともにウズベキ

スタンに帰属することが決まった。ウズベキスタン国内にはアフガニスタンでの行動に向けて訓練を行なった施設もあり、ロシア軍は第15旅団と密接な関係を維持し、この旅団を姉妹部隊と見なしている。

連邦保安庁（FSB）所属のアルファ・スペツナズの主な任務は対テロ作戦である。このチームは亜音速弾を発射するSR-3ヴィーフリアサルトカービンにサウンドサプレッサー付けて武装している。戦闘服の袖には目立たない低視認性の部隊章を付けている。(Spetsnaz Alfa)

　ソ連のスペツナズを継承できなかった国々のなかには、アゼルバイジャンの「マルーンベレー」やアルメニアの「ブラックベレー」などのようにスペツナズに匹敵する部隊を創設した国もある。

現代のスペツナズ　113

ヴラディスラフ・アチャロフ上級大将は1989年から90年にかけてVDVの司令官であった。ミハイル・ゴルバチョフ率いる改革派に抵抗して反改革派が起こした1991年のクーデターに関与し、2011年に死去するまで保守・国粋主義者と密接な関係を保った。「兵士の中の兵士」として特殊部隊コミュニティでは人望が厚く、ロシア空挺軍・スペツナズ退役軍人協会の会長でもあった。(VDV Press Service)

スペツナズの将来

1990年代から2000年代初頭にかけて冬の時代を過ごしていたスペツナズは、その後、ロシアの新しい軍事ドクトリンで中心的な役割を果たすことになり、参謀本部情報総局（GRU）の格下げやスペツナズを陸軍や空挺軍（VDV）の隷下におこうとする試みは立ち消えになった。

1万5千人から1万7千人のスペツナズ将兵の多くは徴兵された兵士で、志願制の西側諸国の特殊部隊隊員と比べることはできないが、スペツナズの隊員はアメリカ陸軍のレンジャーやフランスの第2外人落下傘連隊隊員と同様にトップクラスの軽歩兵であることに間違いはない。

イギリスのSAS、アメリカのデルタフォースやDEVGRU（アメ

ロシア保安機関の手によって創設されたスペツナズ部隊は、それぞれに専門化された任務が与えられている。内務省（MVD）に所属する第33ペレスヴェート特殊任務隊は反乱鎮圧を主な任務にしているものの、GRUスペツナズの兄弟部隊といってもよいだろう。この隊員も減音化された小型SR-3ヴィーフリアサルトカービンを手にしている。(Vitaly Kuzmin)

現在のスペツナズ (2)

❶大使館警備官（2013年、ダマスカス）
スペツナズは政情が不安定な国々のロシア大使館に、警備官として派遣されることがあり、あるいは警備官を装って情報・偵察活動を行なっている可能性もある。イラストは2013年に内戦が始まったシリアの大使館警備官で、FORTフッサル防弾チョッキの下には（スパルタク・モスクワ・サッカーチームのTシャツなど）動きやすい私服を着用している。手にしているのはあまり目にすることのないOTs-14-4ブルパップ方式アサルトライフルで、予備の火器としてオーストリア製の大型セミオートマチック拳銃グロック17をレッグホルスターに入れている。このような警備官が参謀本部情報総局（GRU）スペツナズの隊員なのか、あるいは謎に包まれた対外情報庁（SVR）のザスロン・スペツナズ部隊の一員なのかははっきりしない。

❷親衛特殊任務連隊（opSn）空挺偵察兵（2012年）
第45独立親衛特殊任務連隊は空挺軍（VDV）上級司令部に直属し、偵察やハイ・バリュー・ターゲット（高価値目標）の排除などの特殊任務についている。1994年に創設された連隊はチェチェン、グルジア（現ジョージア）、キルギスタン、ウクライナなどで実戦に参加した歴史を持つ。イラストはモスクワ地区にあるクビンカ付近で演習に参加している兵士。上下に分かれた狙撃兵用のベリョースカ模様の迷彩戦闘服とズブルヤ・パルチザンサスペンダーを着用し、SSOボブル背嚢を背負っている。小銃はAK-47を近代化したAKMNで、暗視装置を取り付けるブラケットとPBSサウンドサプレッサーを装着している。

❷a 第45独立親衛特殊任務連隊（opSn）
は1994年に創設された比較的新しい部隊で、部隊マークはVDVの新しい図案が採り入れられている。スペツナズの伝統的なオオカミのシンボルと部隊番号は従来通りに翼の上に描かれ、空挺部隊のパラシュートが背景となっている。

❸スペツナズ兵士の近接戦闘訓練（2014年）
スペツナズはほかの特殊部隊よりも高い身体能力と白兵戦、近接格闘を重視している。近接格闘においては、ロシア特有の格闘技サンボから独特の技が生み出され、手や足だけでなく、ナイフなどさまざまな武器が使われる。このイラストでは塹壕を掘る際に使用するさじ部が鋭利な携帯戦闘シャベル「サピョールカ」が使われている。この万能シャベルは敵の命を奪うことさえ可能な代物（しろもの）である。この兵士はVDV特有のデジタル・ピクセル迷彩の植物柄戦闘服を着用し、これは2011年からの標準支給品であるが、まもなくラートニク新型戦闘服に換装されようとしている（107ページのイラスト参照）。サピョールカの柄に巻かれた黒のストライプ入りオレンジ色リボンは聖ゲオルギー（軍人の守護聖人）のシンボルであり、クリミア併合後は以前にも増して愛国心を具現するものとしてさまざまなところで使われるようになった。

リカ海軍特殊戦開発グループ）と肩を並べるのは特殊作戦司令部（KSO）とその他の部隊に属する特殊部隊に限られ、隊員の数は千人に満たない。

スペツナズは小規模な兵力だが、非常に優秀な部隊であり、1990年代から変革を遂げようと模索するロシア軍にあって必要不可欠な追加兵力となっている。

スペツナズという名称はロシアで広く使われており、警察や情報機関、保安当局が自らの隷下にスペツナズを保有しているのもまた事実である。これらの部隊の主任務はGRUスペツナズとは大きく異なり、拙著『1991年からのロシアの保安と準軍事部隊』（Osprey Elite Series 197）で述べているように、連邦保安庁（FSB）のアルファ部隊は主として対テロ、対外情報庁（SVR）のザスローンは海外での隠密行動を目的とした集団である。

ロシアの保安機関には軍のスペツナズと任務が重なる部隊もある。特筆すべきは「ペレスヴェート」（モスクワ駐屯の第33特殊任務隊）のような内務省（MVD）の内務省軍スペツナズで、この部隊はチェチェンの戦闘に参加し、GRUスペツナズと同様に訓練され、類似した装備を保有している。

クーデターの発生を長らく恐れてきたクレムリンは、1つの機関に依存する危険性を認識し、複数機関に同様の任務を持つ部隊の保持を許してきたのみならず、これらの部隊の誕生を歓迎してきた傾向もある。このことからも今後も各機関に同じ任務を持つ部隊が並存する状況は変わらないと思われる。

ロシアの安全保障環境を考えると、スペツナズの未来は明るく、同時に「近い外国」がスペツナズから受ける脅威もまた変わらないだろう。

ロシアが2020年までに志願兵のみで陸軍を構成しようとする試みは実現困難に思えるが、スペツナズはこの目標を前倒しして達成すると考えられる。

　また軍の変革は2つの陸軍へと向かっている。優れた装備を保有し、多種多様な行動を可能とする6万人未満の小規模介入兵力と、国土防衛と二次的保安を任務とする従来の数十万人規模の大兵力である。そのなかにあってスペツナズは空挺軍（VDV）とともに、これからも「槍の穂先」であり続けるだろう。

第7章
スペツナズの装備

小銃・狙撃銃・拳銃

保安当局に所属する多くの小規模特殊部隊やスペツナズは外国製の武器や特殊な武器を使用していない（任務に即したいくつかの例外を除く）。軍の部隊である以上、スペツナズであっても陸軍部隊が使う武器とほぼ同じものを使用しているが、通常は最新型を選ぶことができ、また武器の改造や組み合わせをする自由裁量も大きい。

スペツナズが使用する標準武器は一般部隊と同様に5.45mm AK-74であり、暗視スコープを付けたAK-74MかAK-74N、もしくは銃身が短くなったAKS-74Uアサルトカービンがよく使われる。

AKS-74UはAK-47と同じ堅牢な造りながらも、軽量化され、射撃の精度も向上しているため評価は高い。任務に応じてスペツナズは重量のある7.62mm弾を好み、旧式化したAKMもしくはAKMNを持ち歩くこともある。また同じ理由からAK-74シリーズで採用された新機能と同じ口径の弾薬を使用する新型AK-103ライフルを携行することもある。

ロシア政府はAK-74を、当初はAN-94、のちにAK-12のような

スペツナズが使用する代表的な武器。左からSVDの改良型でフォールディングストック（折りたたみ銃床）付きのSVDS狙撃ライフル、VSSヴィントレス消音狙撃銃、AK-74アサルトライフル、GP-25グレネードランチャーを装着したAKM、PBSサウンドサプレッサーを取り付けた7.62mm AKMN、PKPペチェネグ汎用機関銃。(Vitaly Kuzmin)

新型アサルトライフルに更新するとたびたび公表しており、政府が望んだ通り、AN-94とAK-12は長距離精度の向上など、AK-74より優れている点も多い。これら新型火器のいくつかと、9mmのブルパップ方式OTs-14-4アサルトライフルもスペツナズの手によって現場で試験されたが、軍全体の小火器を換装する費用は莫大なものになるため（ロシアは未使用のAK-74を大量に保有している）、更新の計画は当面のあいだ棚上げされている。

　スペツナズの戦術においてスナイパー（狙撃手）は重要な役割を持っている。スペツナズの一部はソ連時代からの7.62mm SVDドラグノフや落下傘兵向けに開発されたフォールディングストックを有する近代化版SVDSをいまも使用しているが、7倍単焦点

スペシャリスト部隊

❶海軍スペツナズ潜水工作員
ロシア海軍の4個艦隊にはそれぞれのスペツナズ部隊がある。これらのスペツナズ部隊には戦闘潜水を任務とする隊員がいて、海上を経由して敵後方での隠密作戦や破壊工作、あるいは水中での警備行動に従事している。イラストは太平洋艦隊所属の潜水工作員で、標準装備品となってから30年以上が経過しているIDA-71潜水器具を使用している。ソ連の水中武器開発は最先端をいくものであり、この潜水員は4つの銃身を持ち、矢のような形をした全長110mm弾を発射するSPP-1M水中拳銃を手にしている。スペツナズ潜水工作員はAPS水中ライフルや新型のASM-DTも装備しており、後者はダート弾と通常弾の両方を発射することが可能である。

❶a スペツナズ潜水工作員パッチ
海軍スペツナズのうち水中戦闘部隊は部隊独自や所属艦隊を示す部隊章を付けているが、これは水中戦闘部隊のすべてに共通する徽章である。図案にはパラシュート、魚雷、サメが象徴的にあしらわれている。上部には任務、栄誉、勇猛のスローガンが記されている。

❷クリミアにおける第431海軍独立特殊任務偵察隊（omrpSpN）隊員
（2014年2～3月）
クリミアにおける迅速な主要地点制圧で多大な働きをした「緑の小人」の多くは黒海艦隊所属の海軍歩兵で、第431海軍独立特殊任務偵察隊の隊員も含まれていた。イラストはベルベク空軍基地を占領した部隊の一員で、戦闘服に階級章や部隊章はない（これは地元民兵かロシア軍兵士かを判別できなくする偽装であった）が、このような姿から、彼がロシア軍兵士であることを疑う余地はない。装着しているのは最新の海軍歩兵戦闘服と、ラートニク戦闘装備であり、現在ロシア全軍に導入されつつある。これには6B43ボディーアーマー、6Sh117戦術装備携行ベスト、迷彩カバーをかぶせた新型ShBMヘルメット、168-0,5UME戦術無線機などが含まれる。手にしている7.62mm PKM汎用機関銃はやや旧式化しているものの、現在も十分に実用に耐える武器である。右胸の装具には6Kh5 AK-74銃剣が入っている。

❸ロシア連邦保安庁スペツナズ（2012年）
広義には多くの保安部隊がスペツナズに含まれるが、そのなかでもロシア連邦保安庁の対テロリストコマンド「アルファ」は最精鋭部隊であろう。イラストはビルの外部をラペリング（ロープ降下）して、突入の命令を待っている場面。隊員はLShZ-2DTヘルメットをかぶり、デフェンダー2アーマーベストを耐火戦闘服の上に着用し、9mmグロック17拳銃を手にしている。

この兵士は7.62mmのPKP 6P41ペチェネグ汎用機関銃を構えて狙いを定めている。旧式化したにもかかわらず、ロシア軍ではいまだに広く使われ、信頼性の高いPKを近代化したのがこの機関銃である。戦場にスペツナズが持ち込む機関銃のうち、これが最も大型なものであり、その威力ゆえに不可欠な火力になっている。(Vitaly Kuzmin)

のPKS-07テレスコピックサイト、もしくは練度の高い狙撃手であれば1000メートルの射程を可能にする可変倍率式1P69 3–10×42を装着した7.62mm弾ボルトアクションSV-98への移行が進んでいる。

SV-98にサウンドサプレッサー（減音器）を装着することは可能だが、隠密性が長距離精度に優先される場合は、スペツナズはVSSヴィントレスライフルを選ぶと思われる。この銃音が減音化され、重量のある9×39mm弾を使用する狙撃銃はスペツナズが好む武器の1つであり、クリミアに大量に持ち込まれたこともあってスペツナズのトレードマークになっている。

VSSヴィントレスのほかには9mm ASヴァル・アサルトカービン、PB6P9拳銃（1950年代のマカロフPMをもとに開発された旧式の拳銃であるが、いまだに特殊任務には用いられる）をスペツナズは使用している。

SR-3ヴィーフリはASヴァルを小型化した拳銃で同じ弾薬が使われ、サイレンサーも装着できるが、消音化のため弾速は亜音速である。スペツナズは減音化されたAPSスチェッキン拳銃やAK-74やAK-47ライフルも使用する。

機関銃・グレネードランチャー

スペツナズは西側の特殊部隊よりも機械化歩兵として運用されることが多くなっていくと予想されるが、通常の分隊が携行する火器よりも大型の火器を用意して作戦に赴くことは少ない。したがって砲兵やその他の戦闘支援部隊がスペツナズに同行することになる。

7.62mmのPKP 6P41ペチェネグ機関銃は分隊が保有する主要火

射程はおよそ300メートルから400メートルと短くなってしまうものの、スペツナズは9mm ASヴァル・アサルトカービン（上）やVSSヴィントレス狙撃銃のような消音（減音）化された火器を好む。この２種の銃はともにTOZ ツーラ造兵廠の精密機器中央研究所設計局で開発された。（Vitaly Kuzmin）

器であり、任務によってはRPG-27タヴォルガやRPG-29ヴァンピール携帯対戦車ロケット榴弾発射器、RPG-26アルレンやRPG-30クリューク使い捨て式携行型対戦車榴弾発射器、PRO-Aシュメーリ・サーモバリック爆薬ロケットランチャー、SA-24 9K338イグラ-S携帯対空ミサイルを携行することもある。

　GP-25 6G15もしくはGP-30 6G21のような単発式グレネードランチャーを小銃に装着することもあり、40mmのVOG-25弾を連射する6G30リボルバー式グレネードランチャーを使うこともある。

ラートニク個人装備

　部隊のステータスにふさわしく、スペツナズはロシア軍部隊のなかでも最初にラートニク（甲冑兵）新型歩兵戦闘装備が支給さ

れた。ラートニクには従来の戦闘服よりも快適で耐久性が優れたデジタル・ピクセル迷彩の植物柄戦闘服だけでなく、6B47ケブラー戦闘ヘルメット、6B43ボディアーマー、エルボーパッドやニーパッドのほか給水パウチまでが含まれている。

ラートニク個人装備のうち、新世代の暗視装置など最先端をいく機器はまだ導入されていないが、2014年初めにクリミアにおいてスペツナズが168-0,5UMEパーソナル無線機を使用しているのが目撃された。この無線システムは長らく顧みられることのなかった戦術通信システムが大幅に進化を遂げたものである。

近接戦闘の武器と格闘技

ロシア軍の標準携行武器は9mmのGSh-18拳銃で、スペツナズ隊員は自衛のためにこの拳銃を用いる。バイゾン、9A-91アサルトカービン、そしてSNヴィチャジなどの9mm短機関銃が用いられることもある。さらに近接した戦闘では6Kh5 AK-74銃剣あるいはNRS-2を使用する。

NRS-2は「斥候射撃ナイフ」と呼ばれ、柄には射程約25メートルの低威力7.62mm弾を単発発射する機能がある（スペツナズが強力なバネで敵に向けて発射される弾道ナイフを使うというのは西側の神話にすぎない）。

NRS-2は1980年代から支給されている装備品で、いまでは戦闘武器というよりは骨董品の類いで、一般的なナイフとして使われるほかは、さしたる用途はない。スペツナズ隊員の多くはNRS-2の代わりにNR-2を好み、このバージョンのナイフには銃弾発射機能の代わりにサバイバル用品が収納できるタイプもある。

一方で、スペツナズは伝説と化したサピョールカ、制式名称は

スペツナズは武器なしでの戦闘訓練を欠かさない。実戦で有効なだけでなく、格闘訓練は身体・精神面での鍛錬の目的もある。写真は行事において第27独立自動車化歩兵旅団のラズヴェーチク中隊所属の偵察兵がサンボの投げ技を披露している。(Vitaly Kuzmin)

スペツナズのマニュアルでは隠密行動中の偵察兵が遭遇する最大の敵は犬である。戦闘用に訓練された犬は人間よりも俊敏に移動し、なだめすかすことが困難で、その獰猛（どうもう）さゆえに手に負えない。この犬の特性を活かし、スペツナズもまた基地の警備や敵が仕掛けたブービートラップを探し出すなどの目的で戦闘に従事する犬を飼育している。写真のジャーマン・シェパードのような戦闘犬の多くは陸軍の第70戦闘軍用犬センターで繁殖、訓練される。（Vitaly Kuzmin）

MPLと呼ばれる「小型歩兵シャベル」を多用する。この柄の短い塹壕掘り用のシャベルはさじ部が鋭利で、格闘戦で使われたり、敵に向けて投げつける武器になることもある。標準装備品であるが、スペツナズは戦闘訓練だけでなく、火のついた輪をくぐり抜けながら、目標に向かってMPLを投げるデモンストレーションを披露するなど、スペツナズ（VDVもある程度までは同じことを行なう）独自の戦技にも使われる。

さらに接近したときに備えて、スペツナズは武器なしでの戦闘訓練も十分に積んでいる。この格闘技はサンボと呼ばれ、「武器なしの自衛」を意味するサマザシータ・ベズ・オルジヤの略語である。

サンボは1920年代に赤軍によって実用化された格闘技であり、ロシアの伝統的なレスリングと柔道・柔術の両方を応用している。サンボはのちに競技スポーツになったものの、誰の目から見ても戦闘術であり、本質的に敵を短時間で効率的に倒す、あるいはルールが介在することなく相手を打倒する究極の戦技である。

このような性質からサンボにおいてはさまざまな攻撃や、手にすることのできる即席武器の使用が推奨されている（著者はスペツナズが訓練試合で空き瓶から道路標識まで使うのを目撃した）。

水中装備

海軍スペツナズがその広い行動範囲から最も特殊な装備を保有している。水中では1人用推進装置である「プロテーイ-5」だけでなく、特殊潜航艇、「ピラーニャ」（6人の兵員を乗せて1500キロを航行する）や2人乗りの「トリトン-1」を使うこともある。

　水中では一般的な火器は威力を発揮することができず、従来の水中銃は射程が短いだけでなく、命中精度も低い。そのため海軍スペツナズは自らの使用に耐えうる特殊兵器を調達した。

　戦闘ダイバーは海軍スペツナズ専用の兵器のうちソ連時代に開発された2種類の兵器を用いる。1つはSPP-1M拳銃で、もう1つはAPSライフルである。SPP-1M拳銃は4つの銃身を持ち、4.5mmの鉄製ダートを発射する。射程は深度によって異なるが、5メートルから20メートルほどある。

　APSライフルはより大型の5.66mmのフレシェット弾を放ち、浅い深度（11メートル未満）であれば30メートル離れたところから発射することができる。水上であればさらに長い射程、100メートルを有する。

　これらの兵器は水上に出ると限られた能力しか発揮できないの

ADSは次世代の水中アサルトライフルで、海軍スペツナズの潜水工作員のために開発が進められている。ADSがダート弾と銃弾の両方を発射できるASM-DT「モルスコイ・レフ（あしか）」ライフルの後継機種になる可能性もある。扱いにくい金属製のダートを使うのではなく、ADSは陸上あるいは水面上ではAK-74と同じ5.45mm弾、水中では弾道の直進性確保を目的とした全長約54mmの5.45mmの弾を発射するため、水深30メートルで約25メートルの射程距離がある。
（Vitaly Kuzmin）

で、襲撃任務を帯びたスペツナズは通常の火器を防水ケースに入れて携行することが多い。

　以上のような障害を克服できるようASM-DT「モルスコイ・レフ（アシカ）」複合兵器が2000年に導入された。このライフルは従来の5.45mm弾を発射するだけでなく、ほぼ同じ口径のダートを発射できる。その性能はAPS水中銃とAKS-74Uカービン銃とほぼ同じである。

　ただし予算上の問題なのか性能に問題があったのかは不明だが、現在にいたるまでこの複合兵器ASM-DTはごく限られた数しか支給されていないようである。

参考文献

Burgess, William（編）『Inside Spetsnaz（スペツナズの内幕）』Presidio, 1990

Galeotti, Mark『Russian Security and Paramilitary Forces since 1991（1991年からのロシアの保安と準軍事部隊）』Osprey, 2013

Kolpakidi, Aleksandr and Aleksandr Sever『Spetsnaz GRU. Samaya polnaya entsiklopediya（GRUスペツナズのすべて）』Yauza, 2012

Kozlov, Sergei『Spetsnaz GRU, Ocherkii istorii（GRUスペツナズのあゆみ）』Russkaya panorama, 2010-13

Leonov, Viktor『Blood on the Shores（海岸に流れた血）』Ivy, 1994

Schofield, Carey『The Russian Elite（ロシアのエリート部隊）』Greenhill, 1993

Skrynnikov, Mikhail『Spetsnaz VDV（スペツナズと空挺軍）』Yauza, 2005

Starinov, Ilya『Over the Abyss: my life in Soviet special operations（遠い昔のことなど：ソ連の特殊戦と私）』Ivy, 1995

Strekhnin, Yuriy『Commandos from the Sea: Soviet naval Spetsnaz in World WarⅡ（海からのコマンド：第2次世界大戦におけるソ連海軍スペツナズ）』Naval Institute Press, 1996

Suvorov, Viktor『Aquarium（水族館）』Hamish Hamilton, 1985

Suvorov, Viktor『Spetsnaz（スペツナズ）』Norton, 1988

監訳者のことば
―ソ連・ロシアの軍事思想を理解する鍵としての特殊部隊―

　他国の軍事思想を理解しようとするときに陥りがちな罠は、知らず知らずのうちにそれを自国のミラーイメージで捉えてしまうことである。ソ連やロシアに関しては軍事情報の入手に一定の壁が存在することもあり、このような傾向が特に強い。

　しかし、軍事思想は各国固有の事情や経験によって形成される。たとえば経済力や技術力の水準、政治的状況、過去の戦争経験などがそれである。したがって、外国の軍事思想について研究するためには、その国の言語や歴史、制度、政治、経済などに関する深い知識が要求される。

　このような意味において、本書『スペツナズ―ロシア特殊部隊の全貌』（原題：SPETSNAZ：Russia's Special Forces　Osprey Elite Series)の著者であるマーク・ガレオッティは第一級のロシア軍事研究者であると言えよう。

　本書の中でも十全に示されている通り、ガレオッティは戦前の軍事思想やスペイン内戦への関与、独ソ戦におけるパルチザン活動の経験などに遡って、ソ連において特殊部隊というものがどのように位置付けられ、発展してきたかを明らかにしている。

　ここから浮かび上がるのは、スペツナズとはソ連独特の軍事力の運用形態なのであり、西側でいう特殊部隊とはイコールで結べ

ないということである。ごく少数のエリート兵士から構成される西側の特殊部隊とは異なり、ソ連のスペツナズは徴兵から構成される軽歩兵部隊であって、この点は現在のロシアでも基本的に変化はない。たとえば現在のロシア軍には7個ほどのスペツナズ旅団が存在するが、そのすべてが西側の特殊部隊に匹敵する精鋭であるはずはないだろう。

　だが、これをもってスペツナズが西側の特殊部隊に比べて練度で劣る云々といった批判が当たらないことは明らかである。スペツナズはスペツナズという軍事力の運用形態なのであり、それがどのような経緯で生まれ、戦ってきたのかを知らなければスペツナズを理解したことにはならない。

　これはウクライナ危機以降におけるロシアの軍事思想を理解するうえでも当てはまる。2014年のクリミア併合やドンバスでの非公然介入は、世界に大きな衝撃を与えたが、その実相を正しく理解することはロシアの政治や軍事の専門家でも容易ではなかった。

　ロシア政府はウクライナに軍事介入を行なっている事実自体を認めようとせず、正規軍以外にも民兵や愛国勢力、犯罪組織など多様な組織を動員したためである。ロシアが国有メディアを総動員して展開した情報戦も、事実関係を曖昧にした。

　こうしたなかで一躍メディアから注目を浴びたのが、本書の著者であるマーク・ガレオッティであった。ガレオッティはオーソドックスなロシア軍事の研究を行なうかたわら、ロシアにおける諜報や組織犯罪にも注目し続けてきた数少ない専門家であり、それゆえにロシアが軍事介入で用いた手法や紛争参加勢力について的確な解説を行なうことができた。

さらに、ウクライナ介入では2010年代になって設立された精鋭部隊、特殊作戦軍（SSO）が初陣を飾ったが、これがロシア軍の保有した初めての（西側的な意味における）「特殊部隊」であることを理解していたのは、ガレオッティをはじめとするごく少数の専門家だけであった。

　ちなみに、ロシアのウクライナ介入については「ハイブリッド戦争」という言葉が盛んに用いられた。前述した多様な主体の活用と情報戦を指したものであるが、歴史を振り返ればこのような戦争形態は決して珍しいものではない。実際、「ハイブリッド戦争」という言葉自体もウクライナ危機以前から存在しており、ロシア自身もこのような手法は歴史上、たびたび用いてきたものである（たとえばスペイン内戦などはまさにハイブリッド戦争の一形態といえる）。

　それゆえに、ロシアのウクライナ介入を指して「ハイブリッド戦争」という語を用いることは、近年の専門家コミュニティでは歓迎されない傾向にある。

　むしろロシアのウクライナ介入が大きなインパクトを持ったのは、ハイブリッドな手法や情報戦を用いることで国家の介入を曖昧にし、それによって近隣国内に紛争状態を惹起するという事態が欧州で生起した点であろう。

　では、こうした手法がロシアの中で歴史的にどのように育まれ、現代のロシアにおいて軍事思想として結実したのか、そしてその実行主体はいかなるものであるのか。ガレオッティが本書の中で描き出したスペツナズ像は、こうした点を理解するうえでの貴重な手がかりを提供するものと言える。

今後とも米露の対立関係が長期にわたって継続すると予想されるが、それは単純な米ソ冷戦の再現とはならないだろう。世界第12位の経済力しか持たず、世界経済から孤立した存在でもなくなったロシアにはかつてのような軍事的対立を続ける能力はない。かといってロシアは西側のフォロワーとしての地位に甘んじるつもりはもはやなく、対立は複雑な様相を呈している。
　こうした混沌とした状況を読み解くよすがとして、ガレオッティと同人の思想は今後とも大きな光を放つ存在であり続けるだろう。その第一弾として本書が日本語で刊行されたことは、ロシアのみならず現在の世界を理解する有力な手がかりを提供するものと言える。

未来工学研究所特別研究員
小泉　悠

SPETSNAZ：Russia's Special Forces Osprey Elite Series 206
Author Mark Galeotti
Illustrator Johnny Shumate
Copyright © 2015 Osprey Publishing Ltd. All rights reserved.
This translation published by Namiki Shobo by arrangement
with Osprey Publishing, an imprint of Bloomsbury Publishing
PLC, through Japan UNI Agency Inc., Tokyo.

マーク・ガレオッティ（Mark Galeotti）
英国生まれ。ケンブリッジ大学卒。ロンドン・スクール・オブ・エコノミクスにおいてソ連政治を修め、博士号取得。英外務省においてロシアの安全保障と外交政策のアドバイザーとして活躍。現在プラハ国際関係研究所上席研究員ならびに同研究所ヨーロッパ安全保障センターコーディネーター。『Russian Security and Paramilitary Forces since 1991』など著書多数。

小泉 悠（こいずみ・ゆう）
1982年千葉県生まれ。早稲田大学社会学部卒業。同政治学研究科修士課程修了。外務省国際情報統括官組織で専門分析員としてロシアの軍事情勢分析にあたる。2010年ロシア科学アカデミー世界経済国際関係研究所（IMEMO RAN）客員研究員。現在、公益財団法人未来工学研究所特別研究員。著書に『プーチンの国家戦略』（東京堂、2016年）、『軍事大国ロシア』（作品社、2016年）。ほかに多数の学術論文・分析記事を発表。

茂木作太郎（もぎ・さくたろう）
1970年東京都生まれ、千葉県育ち。17歳で渡米し、サウスカロライナ州立シタデル大学を卒業。海上自衛隊、スターバックスコーヒー、アップルコンピュータ勤務などを経て翻訳者。訳書に『F-14トップガンデイズ』『米陸軍レンジャー（近刊）』（並木書房）。

スペツナズ
―ロシア特殊部隊の全貌―

2017年10月 1 日　印刷
2017年10月15日　発行

著　者　マーク・ガレオッティ
監訳者　小泉　悠
訳　者　茂木作太郎
発行者　奈須田若仁
発行所　並木書房
〒104-0061東京都中央区銀座1-4-6
電話(03)3561-7062　fax(03)3561-7097
http://www.namiki-shobo.co.jp
印刷製本　モリモト印刷
ISBN978-4-89063-367-8

M16ライフル
米軍制式小銃のすべて

G・ロットマン著／床井雅美監訳／加藤喬訳
1958年の登場以来、今なお更新と改良を重ねるM16ライフル。その斬新なデザインゆえに、信頼性と性能をめぐり評価は分かれてきた。元米陸軍特殊部隊「グリーンベレー」の兵器専門家である著者がM16ライフルの多難な開発史のすべてを明かす！

定価1800円＋税

F-14トップガンデイズ
最強の海軍戦闘機部隊

D・バラネック著／茂木作太郎訳　トム・クルーズ主演映画『トップガン』の撮影に協力・出演した伝説の海軍航空士官が明かすF-14トムキャット戦闘機のすべて。神秘のベールに包まれたエリート養成校「トップガン」の実像も初公開！

定価2000円＋税

オールカラー
最新軍用銃事典

床井雅美著　世界各国の軍隊で使用されている軍用小火器——拳銃、小銃、短機関銃、狙撃銃、機関銃、散弾銃、榴弾発射器、対物狙撃銃など500種を収録！　各銃の基本データ、開発の経緯、メカニズム、特徴を記した詳細な解説と、1100点余りのオリジナル写真・図版で紹介した最新の銃器図鑑！

定価4700円＋税